미래를 나르는 배

미래를 나르는 배_ LNG선

2011년 10월 24일 초판 3쇄 발행
2004년 1월 30일 초판 1쇄 발행
지은이 채수종

펴낸이 이원중

펴낸곳 지성사 출판등록일 1993년 12월 9일 등록번호 제10－916호
주소 (121－829) 서울시 마포구 상수동 337－4 전화 (02) 335－5494~5 팩스 (02) 335－5496
홈페이지 www.jisungsa.co.kr 블로그 blog.naver.com/jisungsabook 이메일 jisungsa@hanmail.net
편집 주간 김명희 편집팀 김찬 디자인팀 정애경

ⓒ 채수종, 2004

ISBN 978－89－7889－098－4 (04530)
　　　89－7889－095－4 (set)

잘못된 책은 바꾸어드립니다. 책값은 뒤표지에 있습니다.

이 시리즈는 NAEK 한국공학한림원과 지성사가 공학기술 정보 보급과 대중화를 위하여 기획, 발간하였습니다.

미래를 나르는 배

채수종 지음

발간에 부쳐

우리나라는 1960년대에 시작한 중화학공업 육성정책에 힘입어 1970년대에 비약적인 경제발전을 이룩하였으며, 이를 토대로 1995년에는 꿈의 국민소득 1만 달러를 달성하였다. 그러나 지난 8년간 우리는 불행하게도 '마의 1만 달러 수렁'에 빠져 헤어나지 못하였으며, 급기야 1997년에는 'IMF 금융통치'라는 치욕적인 수모를 겪기도 하였다.

늦어도 2010년까지 우리 국민소득이 2만 달러대를 넘어서지 못하면 우리나라는 남미 국가들처럼 성장의 역동성을 잃고 쇄락할 수밖에 없다. 그래서 국민소득 2만 달러 시대를 달성하기 위한 전략목표로 10대 성장동력과 10대 글로벌기업 육성의 필요성을 강조하고 있다.

그러나 어려운 상황에서도 몇몇 수출주력산업은 호조를 보여 어려운 우리 경제에 버팀목 역할을 다하고 있음은 다행스러운 일이다. 이는 WTO로 대변되는 글로벌 경제체제에서 산업은 국내가 아닌 세계에서 경쟁력을 갖추어야 살아남을 수 있음을 시사하는 것으로, 대외 의존도가 높은 우리 경제의 경우 더욱 절실하다.

따라서, 세계 일등 상품, 치열한 경쟁을 뚫고 세계시장에서 선두를 차지하고 있는 우리 상품을 선정하여, 어떤 경영 전략하에 어떤 기술로 어떻게 만들어 세계시장을 석권하였는지 살피고, 이에 도달하기까지 숨은 엔지니어들의 노력과 땀을 돌아봄으로써 앞으로 우리 산업발전의 금과옥조로 삼아야 할 것이다.

이러한 내용을 가능한 한 쉽게 기술하여 일반 독자에게 전달하고자, 한국공학한림원이 '월드 베스트 시리즈'를 기획하였으며, 산업자원부 지원으로 지성사에서 출판하게 되었다. 이 시리즈에 담은 월드 베스트 상품들은 한국공학한림원의 각 회원사로부터 추천을 받거나 산업자원부가 선정한 세계 일류 상품 목록을 참조하여 한국공학한림원의 월드 베스트 기획위원회에서 최종 선정하였다. 그 결과 우선 세계시장에서 매출액 1위를 차지하고 있는 반도체, CDMA 단말기, LNG선 세 품목에다, 세계시장 점유율 3위(2002년 기준)인 철강(포스코)과, 자동차를 포함시켰다. 자동차는 현재 생산량기준 세계 6위라 많은 논란이 있었지만 우리 경제, 특히 무역수지에 미치는 영향과 자동차에 연계된 광범위한 전후방 산업을 감안한 결과 넣지 않을 수 없었다.

각 항목에 대한 글은 연구나 취재를 통하여 오랫동안 깊이 다루어 온 전문가에게 의뢰하였으며, 그에 대한 감수는 한국공학한림원 출판위원들이 전공에 따라 분담하였다. 또한 관련 회사로부터 자료를 지원 받았으며, 관련 전문가로부터 자문을 구하였다.

이 책들이 우리나라 세계 일등 상품과 기술에 대한 국민의 이해를 돕고, 국민소득 2만 달러로 가는 길에 힘이 되어주기를 바라면서 발간사를 가름한다.

한국공학한림원 회장 이기준
산업자원부 장관 이희범

머리말

세계시장에서 1위를 하는 한국제품들이 늘어나고 있다. 낚싯대나 모자 같은 가벼운 제품에서부터 반도체 등 첨단제품에 이르기까지 69종(2003년 말 기준)에 이른다. 우리 조선소들이 만드는 액화천연가스(LNG) 운반선도 그 중 하나다.

하지만 LNG선은 그냥 많은 1위 품목 중 하나는 아니다. 대표적인 고부가가치 선박인 LNG선 시장에서 1위를 하기 위해서는 조선산업은 물론 해운·철강 등, 전·후방 산업이 고루 발달하지 않으면 안 된다. 특히 우리나라 조선소의 세계 LNG선 시장점유율은 50퍼센트에 육박한다. 우리나라 기업 가운데 세계적으로 가장 경쟁력이 있다고 알려진 삼성전자의 반도체 시장 점유율이 5퍼센트라는 것을 감안할 때 놀라운 일이다.

우리나라 조선 역사는 짧다. 근대 조선 역사는 유럽이나 미국은 물론 같은 아시아 국가인 일본에 비해서도 100년이나 늦게 시작됐다. 400여 년 전에 거북선이라는 세계 최초의 철갑선을 만들기도 했지만, 근대화가 늦어지면서 세계 조선시장에서 크게 뒤떨어졌다. 그러나 1970년대 초에 현대중공업, 1980년대 초에 대우조선과 삼성중공업이 기존에 있던 한진중공업(옛 조선공사)과 합류하면서 세계 조선시장에서 조선 강국으로 빠르게 부상했다. 이후 1990년대 중반까지 일본을 추격하다가, 1990년대 말부터 일본을 제치고 세계 최강국으로 도약했다. 불과 30년 만에 정상에 오른 것이다.

하지만 진정한 의미의 최강국은 아니었다. 양적으로는 최고였지만, 질적으로는 여전히 중위권 수준에 불과했다. 소위 3대 범용선인 화물선,

컨테이너선, 유조선만으로 '정상의 자존심'을 세울 수는 없었다.

그러나 LNG선 시장을 석권하면서 우리나라 조선은 자타가 공인하는 세계 최강자가 됐다. 불과 몇 년 전만 해도 우리나라 조선업체가 세계시장에서 LNG선을 수주할 것을 기대한다는 것은 꿈 같은 소리였다. 하지만 꿈★은 이루어졌다. 이제 LNG선은 우리나라 조선의 월드 베스트 상품이 됐다. 한국의 월드 베스트 상품이라고 해도 과언이 아니다.

우리나라 조선은 어떻게 세계 LNG선 시장을 석권했을까. 우리나라 조선소 가운데서도 후발주자인 대우조선이 뒤늦게 LNG선 사업에 뛰어들어, 어떻게 최고의 시장점유율을 기록하고 있는가.

그것은 우리나라 조선의 기술력과 가격경쟁력, 영업력 등 모든 요소가 어우러진 작품이었다. 이를 상세히 파악하기 위해 1부에서 LNG란 무엇이고, LNG선에는 어떤 것이 있는지 살펴본 뒤, 2부에서 한국조선이 어떻게 LNG선을 월드 베스트 상품으로 만들었는지 알아보고, 3부에서는 우리나라 조선의 전반적인 역사 및 현황을 살펴본다.

본격적으로 『미래를 나르는 배』를 알아보기 전에 우리나라 조선을 세계 1위로 만드는 데 초석이 된 모든 조선인들과 이 책이 나오기까지 큰 도움을 주신 서울대학교 최항순 교수님, 대우조선 곽두희 상무님, 해양시스템안전연구소 장석 책임연구원님께 특별히 커다란 감사의 뜻을 전한다. 또 고운이, 영운이, 형주, 형주 엄마, 가족 모두에게 고마움을 표한다.

2004년 1월 꽃우물가에서, 채수종

발간사
머리말

1부

LNG · LNG선

1. 인류 최고의 에너지 천연가스 12

천연가스 전쟁 12
소리 없는 전쟁은 시작됐다 14
한국은 세계 에너지 경쟁의 마이너리티 19
왜 천연가스인가 21
천연가스 생산에서 공급까지 26

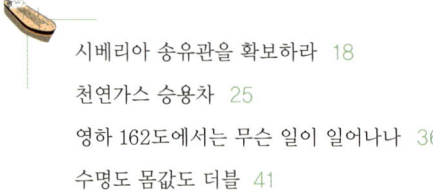

시베리아 송유관을 확보하라 18
천연가스 승용차 25
영하 162도에서는 무슨 일이 일어나나 36
수명도 몸값도 더블 41

2. 선박의 왕, LNG선 48

LNG선 어떤 배인가 48
LNG선 어떻게 만드나 52
LNG선의 핵심, 화물탱크 65
LNG선 자동화 설비 73
LNG선의 완성, 명명식 76
LNG선의 종류 82

배는 여자다 50
선박도 속도 제한 있는가 65
배 크기는 술통을 싣는 크기 70
왜 배 이름은 여성이 짓는가 74
배 이름 어떤 것이 있나 80
뱃길 85

LNG선의 역사

3. 배의 역사 88

초전도 현상 92

4. LNG선의 역사 93

5. 월드 베스트가 되기까지 95

미미한 시작과 LNG선 수주 경쟁 95
현대중공업 111
대우조선 114
삼성중공업 131
한진중공업 133

바다는 언제 어떻게 생겼나 110
LNG선 3호선 전속 항진하라 136

3부 이제는 수성(守城)이다

6. 시장을 만든다 138
폭발하는 LNG선 시장 138
세계 LNG선 건조능력 142
차세대 LNG선 개발 현황 144
LNG를 대체한다 146
차세대 LNG선 150

파이프라인 152

7. 오르기보다 지키기 153
한국조선의 뿌리 153
세계 조선시장 최강자 변천사 164
한국조선 경쟁력 어디서 나오나 168

선원 172

에필로그 174

1부 LNG · LNG선

1
Liquefied Natural Gas Ship

인류 최고의 에너지, 천연가스

천연가스 전쟁

"앞으로 천연가스를 확보하기 위한 전쟁이 일어날 것이다."

상당수 군사 전문가들은 머지않아 세계가 천연가스 시장의 주도권을 둘러싸고 전쟁을 벌일 것으로 예고하고 있다. 이는 자본을 앞세운 강대국과 천연가스 보유국 간 싸움이 될 것이라는 전망이다.

인류는 역사적으로 수많은 전쟁을 겪었다. 전쟁의 명분은 종교, 인종, 영토 등 다양했다. 그러나 겉으로 내세운 명분과는 달리 상당수는 에너지원 확보가 원인이었다. 이런 양상은 21세기 들어 미국의 패권적 리더십이 강화되면서 더욱 두드러지고 있다.

역사는 실제 세계무대에서 힘과 에너지원 확보가 비례한다는 것을 입증하고 있다. 19세기 말 대부분의 아시아 국가들과 달리 일본이 세계시장에 명함을 내밀 수 있었던 것도 당시 최고의 에너지였던 석탄을 통해 아시아를 장악한 때문이었다. 당시는 상선은 물론 군함들도 석탄을 동력으로 이용하는 증기선이었으며, 석탄 없이는 영국의 무적함대도 '뗏목'이나 다름없었다. 일본은 석탄산업의 경쟁력을 높이기 위해 식민지였던 한국과 대만의 젊은이들을 강제로 탄광에 투입해 무자비한 노동을 강요하면서 석탄을 생산했다. 그리고 이 석탄으로 아시아의 주요 항구를 장악한 뒤 세계시장에 강대국으로서 목소리를 높였다. 하지만 주력 에너지가 석탄에서 석유로 바뀌면서 일본이 이를 확보하기 위해 동남아 국가들을 침공하고, 이에 미국이 일본의 급성장에 제제를 가하고, 반발한 일본이 진주만을 기습공격하면서 태평양전쟁이 일어났다.

2차 세계대전 당시 독일이 러시아(옛 소련)를 침공한 것도 석유때문이었다. 독일은, 유럽과 아프리카 등 드넓은 지역에서 자신들이 벌이고 있던 전쟁을 승리로 이끌기 위해서는 러시아의 석유가 필요했다. 그러나 러시아 침공으로 '잠자는 곰'을 깨우는 결과가 돼 패전하고 만다. 당시 일본과 독일이 미국과 소련을 공격하는데 대해 무모하다는 의견도 있었지만, 일본과 독일 군부는 선택의 여지가 없었다. 어차피 에너지원인 석유를 확보하지 못하면 결국 제국은 무너질 수밖에 없기 때문이었다.

21세기 첫 전쟁으로 불리는 미국의 이라크 침공도 명분은 '테러와의 전쟁'이지만, 그것이 전쟁의 모든 이유는 아니었다. 그 배경에는 석유가 있었다. 2003년 3월 20일, 미국은 이라크를 공격했다. 미국이 공격받지 않은 상태에서 다른 나라를 먼저 공격한 것은 역사상 처음 있는 일이었다. 2001년 9월 11일 일어난 세계무역

센터 등에 대한 항공기 테러로 미국민은 흥분한 상태였다. 미국 정부는 이 같은 여론을 등에 업고 테러 지원국가를 응징한다는 명분으로 이라크를 침공했다. 그리고 부시 대통령은 전쟁이 일어난 지 40여 일 만인 5월 1일 탑건(최우수 비행사) 복장을 하고 항공모함 링컨 호에 내려 "주요 전투는 모두 끝났다."며 테러와의 전쟁에서 승리했음을 선언했다. 그러나 링컨 호 함상 연설을 한 지 불과 5개월도 안돼 "후세인과 테러는 관련이 없다."고 말해, 이라크 전쟁이 석유 때문이었음을 간접적으로 시인했다.

인도네시아 정부에 대항해 1949년 이래 55년간 아체 지역 반군들이 독립운동을 펼치고 있는 아체 분쟁도 마찬가지다. 표면적으로는 민족, 종교, 영토 등 모든 요소가 혼재된 복잡한 양상을 띤다. 그러나 이도 연간 20억 달러에 이르는 석유와 천연가스가 근원적인 배경이다. 분쟁은 1949년 인도네시아가 네덜란드로부터 독립할 때 이 지역이 인도네시아로 편입되면서 시작됐다. 이후 지난 26년간 1만 명의 아체 반군이 석유와 천연가스를 지키기 위해 목숨을 잃었다.

소리 없는 전쟁은 시작됐다

인류가 살고 국가형태가 존재하는 한 에너지원 확보를 위한 싸움은 계속될 것이다. 하지만 목재와 석탄은 이미 오래 전 분쟁의 요인에서 제외되었다. 20세기에 일어난 전쟁 대부분은 석유 때문이었다. 이제는 석유와 함께 천연가스가 강대국들의 관심을 끌고 있다. 앞으로 상당기간은 이들 에너지가 가장 중요한 에너지원이 될 것이 분명하다. 특히 친환경 연료인 천연가스의 주도권 경쟁이 치열해질 것이다.

미국과 러시아는 2003년 9월 러시아 상트페테르부르크에서 개최된 미·러 에너지 포럼에서 러시아 송유관 건설에 대한 투자와 에너지 공급에 협력을 가속화하기로 합의했다. 미국과 러시아는 이어 9월 말 미국 대통령 별장인 캠프 데이비드에서 열린 미·러 정상회담에서도 에너지 협력을 주요 의제로 다루며 양국이 동반자 관계에 있음을 천명했다. 세계 유일의 초강대국이면서 최대 에너지 소비국인 미국과 세계 에너지 시장에서 강력한 공급국가로 떠오른 러시아가 협력을 강화하고 있는 것이다.

세계 천연가스를 둘러싼 세계 메이저 석유·가스 기업들의 총성 없는 전쟁은 이미 시작됐다. 최대 격전장은 러시아다.

세계 최대 가스 생산업체인 러시아 가스프롬(Gazprom)은 시베리아에서 생산될 가스의 수송과 처리를 위해 오는 2010년까지 약 5,000억 달러를 투자할 계획이다. 우리 돈으로 600조 원에 가까운 엄청난 규모다. 이를 통해 2010년에는 연간 생산량을 5,300억 톤, 2020년에는 5,800억 톤으로 끌어올릴 방침이다.

국제 에너지 자본들은 사활을 걸고 러시아 에너지 시장으로 달려가고 있다. 엑슨모빌은 러시아 최대 석유회사인 유코스(Yukos)의 지분 35퍼센트를 150억 달러에 인수하려고 추진 중이다. 전문가들은 유코스가 이미 2003년 상반기에 러시아 4위 업체인 시브네프티를 합병해 몸집을 불렸기 때문에 엑슨모빌이 유코스 지분을 인수하는 데 성공하면 세계 최대 에너지 메이저로서 위치를 확고히 할 수 있을 것으로 분석하고 있다. 셰브론텍사코도 유코스와의 투자협상에 뛰어든 것으로 알려졌다.

브리티시페트롤리엄(BP)은 이에 앞서 러시아 3위의 정유사인 TNK와 합병해 BP-TNK를 탄생시켰다. BP-TNK는 한국이 러시아, 중국과 함께 추진 중인 동시베리아 코빅타(Kovykta) 가스전(매장량 10억 톤) 개발사업의 주관사인 로시아페트롤리엄(RP)의 대주주다. 코빅타 가스전 개발사업은 176억 달러를 투자해 이르쿠츠크~하얼빈~선양~다롄~서해~한국을 잇는 총 연장 4,238킬로미터의 가스관을 건설하는 대역사다. 우리나라는 이 가스라인을 통해 이르면 2008년부터 연간 700만 톤씩 천연가스를 도입할 예정이다.

사할린에서도 격전이 펼쳐지고 있다.

'사할린 I' 프로젝트는 사할린 동북부 해저 3개 광구를 개발하는 사업으로 가스 4,850억 톤, 원유 23억 배럴이 매장돼 있다. 엑슨모빌의 주도로 러시아 본토나 일본 등으로 송유관·가스관을 연결하는 방안이 연구되고 있다. 북한 핵문제와 관련해 가스관이 북한을 통과하는 방안도 제기됐다.

▶ 시베리아 가스관 연결 노선

※ 자료 : 산업자원부

'사할린 II' 프로젝트는 사할린 동북부 해저 2개 광구를 개발하는 사업으로, 가스 5,500억 톤, 원유 10억 배럴이 매장돼 있다. 로열 더치셸이 대주주로 오는 2007년부터 액화천연가스(LNG ; Liquefied Natural Gas) 형태로 한국과 일본 등에 공급할 예정이다.

남미에서는 액화천연가스가 핏빛으로 물들었다. 남미에서 베네수엘라 다음으로 천연가스 매장량이 많은 볼리비아에서는 천연가스 수출을 놓고 유혈사태까지 벌어졌다. 2003년 9월 15일, 볼리비아 농민들이 주요 도로를 봉쇄하면서 시위를 벌였다. 정부의 천연가스 수출 계획에 항의하기 위해서다. 시위는 곤살로 산체스 데 로사다 대통령이 천연가스를 미국과 멕시코로 수출해 연간 15억 달러의 수입을 올리겠다는 계획을 발표한 것이 발단이 됐다. 산체스 대통령은 이 프로젝트와 관련, 메이저 석유회사가 참여하는 퍼시픽 LNG 컨소시엄으로 하여금 파이프라인 건설 등에 60억 달러를 투자하도록 했다고 밝혔다. 그러나 국민들이 과거 국영기업의 매각 때처럼 모든 혜택은 정부 관계자와 외국기업에게 돌아간다며 파이프라인 건설을 반대하면서 충돌이 일어난 것이다.

2003년 10월 12일, 산체스 대통령은 군병력과의 충돌 등 극심한 시위가 한 달째 계속되면서 경제가 마비상태에 빠지자, 계엄령을 선포하고 탱크를 앞세운 병력 수천 명을 시위진압에 투입했다. 이날 수도 라파스 인근의 엘알토 시(市)에서 군과 경찰 등 진압군이 시위대에 발포, 38명이 숨지고, 91명이 다쳤다. 그러나 시위는 더욱 격렬해졌다.

10월 17일, 계엄령 발표 6일째. 산체스 대통령은 마침내 시위대의 요구대로 대통령 직에서 물러나는 사임발표를 하고 미국으로 망명했다. 산체스 대통령의 하야로 볼리비아 천연가스 사태는 진정됐다. 하지만, 천연가스 수출을 둘러싼 시위로 74명이나 목숨을 잃었다. 에너지 생산업체와 에너지 자본들 간 천연가스 주도권 경쟁이 한 나라의 정권은 물론 소중한 생명들을 앗아간 것이다.

중동의 도라 지역도 언제 터질지 모르는 화약고가 되고 있다.

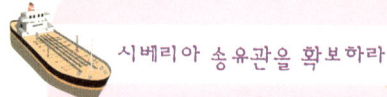

시베리아 송유관을 확보하라

2003년 6월, 일본의 가와구치 요리코(川口順子) 외상은 러시아를 급히 방문했다. 방문지는 블라디보스토크. 회담 상대는 이고리 이바노프 외무장관이 아닌 빅토르 흐리스텐코 부총리였다.

가와구치 외상은 흐리스텐코 부총리에게 빅 카드를 제시했다. 러시아가 시베리아 송유관 노선을 일본에 유리한 극동라인으로 결정해주면 75억 4,000만 달러를 지원하겠다는 것이었다. 이 돈은 유전 탐사 및 개발과, 송유관 건설비용을 포함한 것이다. 우리 돈으로 8조 원이 넘는 천문학적인 금액이다.

이는 5월 중국의 후진타오 주석이 모스크바를 방문해 중국에 유리한 라인으로 건설하면 17억 달러를 제공하겠다고 제안한 지 한 달도 채 안된 시점에서 일본이 더욱 큰 카드를 제시한 것이다. 이에 따라 당초 중국의 구상으로 시작돼 2005년이면 석유 도입이 시작될 예정이던 시베리아 송유관 건설사업이 혼란에 빠졌다.

중국라인은 이르쿠츠크 서쪽에 있는 앙가르스크에서 다칭을 잇는 2,400킬로미터 라인으로 건설비 25억 달러가 들어갈 것으로 예상된다. 일본라인은 앙가르스크에서 나홋카를 잇는 3,800킬로미터 라인으로 건설비 50억 달러가 들어갈 것으로 예상된다.

러시아는 일본노선으로 잠정 결정한 상태다.

도라 지역은 사우디아라비아와 쿠웨이트에 걸쳐 있으나 일부는 이란에 들어가 있다. 도라 가스전에 대한 이들 삼국 간 분쟁은 1960년대에 이란이 BP 계열의 영국·이란 합작회사에 개발허가권을 주고, 쿠웨이트가 로열 더치셸에 개발을 허용한 것이 발단이 됐다. 이란이 2001년 도라 가스전 탐사를 시작하자, 쿠웨이트와 사우디아라비아는 도라 가스전을 포함한 연안 천연자원 공동개발을 위해 해상국경협정을 체결했다.

자원은 한정돼 있고 수요는 기하급수적으로 늘어나 경쟁의 양상은 갈수록 치열해질 전망이다.

한국은 세계 에너지 경쟁에서 마이너리티

한국도 세계 에너지 주도권 경쟁의 한 부분을 차지하고 있다. 하지만 거대한 자본과 국력을 앞세운 공룡들 간 싸움에서 한국이 주도적인 입지를 확보하기는 어려운 현실이다.

한국의 천연가스 확보전략은 한국가스공사와 종합상사나 정유회사 등 대기업 주도로 이루어지고 있다. 가스공사가 미얀마 A-1 광구 탐사사업과, 오만·카타르 등 가스전 지분투자사업 및 나이지리아 가스플랜트 건설사업 등에 참여하고 있다.

민간기업으로는 LG 칼텍스정유가 호주 고건(Gorgon) 지역 LNG 광구에 대한 국제 컨소시엄 사업에 지분참여를 준비하고 있다. LG 칼텍스정유는 이 컨소시엄의 지분 10퍼센트를 1,000만 달러에 인수하는 방법으로 참여할 계획이다. 이 사업은 셰브론텍사코와

셸, 엑슨모빌 등이 대주주인 호주 천연가스 개발기업 고건벤처가 주도하고 있으며, 중국 최대 국영석유회사인 해양석유총공사(CNOOC)도 지분 12.5퍼센트를 인수하기 위해 추진 중이다. 광구는 호주 동북부 섬에 위치하며, 아일랜드에서 70킬로미터 떨어진 해상 지역이다.

대표적인 에너지그룹인 대성그룹은 아시아 에너지 네트워크 구축사업을 추진하고 있다. 이 프로젝트는 매장량이 50억 톤인 인도네시아 나투나 알파 D 가스전에서 베트남 해상가스전과 다낭, 홍콩 등을 거쳐 상하이까지 6개 구간 4,875킬로미터 해저 파이프라인으로 천연가스를 공급하는 것이다. 장기적으로는 한국까지 파이프라인을 연결하게 된다. 총 사업비 80억 달러가 투입되는 대형 프로젝트로 오는 2008년 시공에 들어갈 계획이다. 대성그룹은 이 프로젝트를 통해 세계적인 규모의 천연가스 개발과 운송사업에서 주도권을 잡을 계획이다. 우리 기업이 지분참여 방식이 아닌 주도적인 위치에서 추진하는 프로젝트여서 더욱 주목되고 있다.

이 밖에도 포스코는 민간기업으로는 국내 처음으로 2005년부터 20년간 매년 55만 톤씩 LNG를 직도입할 예정이다. 이를 위해 2005년 6월 목표로 광양제철소 내에 연간 70만 톤 저장능력을 갖춘 LNG 터미널을 건설하고 있다.

우리 기업들은 세계 에너지 시장을 장악하고 있는 엑슨모빌이나 로열 더치셸보다는 뒤늦게 출발했지만, 가속페달을 밟으면서 세계 에너지 시장의 변방에서 중앙으로 파고들고 있다.

왜 천연가스인가

지금까지의 전쟁이 석탄과 석유 때문이었다면, 앞으로는 천연가스를 확보하기 위한 전쟁이 되리란 전망이다.

그렇다면, 많은 에너지원 중에서 왜 하필 천연가스인가. 천연가스가 어떤 에너지원보다 많은 장점을 갖고 있기 때문이다. 에너지 전문가들은 천연가스를 인류 최고의 에너지원으로 꼽는 데 주저하지 않는다.

천연가스는 메탄이 주성분으로, 공기보다 가볍고 색과 냄새가 없다. 공기보다 가볍기 때문에 공기 중에서 빠르게 확산돼 석유나 다른 가스에 비해 안전하다. 특히 에너지 효율이 높고, 연소할 때도 대기오염물질 배출이 적어 공해를 유발하지 않는다.

전문가들은 앞으로 적어도 50년 동안은 천연가스를 대체할 더 좋은 에너지원을 찾기는 어려울 것으로 보고 있다. 따라서 지금

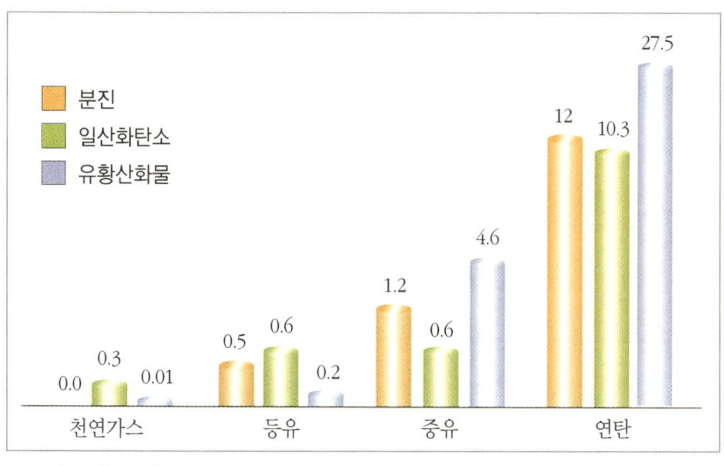

공해 발생량 비교

까지 원유에 가려 크게 주목받지 못하던 천연가스가 앞으로는 에너지 시장의 주역으로 떠오를 전망이다.

하지만, 석유와 마찬가지로 천연가스도 자원이 한정돼 있다. 개발 가능성을 고려할 때 현재 채굴이 가능한 천연가스는 앞으로 약 125년을 사용할 수 있는 분량이다. 다소 경제성이 떨어지는 가스전까지 개발한다고 가정하면, 200년은 사용할 수 있다. 그러나 이는 현재 소비량을 기준으로 한 것이다. 매년 2퍼센트씩만 소비가 늘어난다고 계산하면, 80년이면 지구상의 천연가스는 다 떨어지고 만다. 세계 최대 에너지 기업으로 세계 천연가스 시장의 20퍼센트를 공급하고 있는 엑슨모빌은 전 세계 천연가스 수요가 매년 7퍼센트씩 증가할 것으로 예상한 바 있다. 이 같은 계산대로라면 수십 년 안에 천연가스가 바닥날 가능성이 크다.

천연가스 소비는 특히 미국과 아시아를 중심으로 매년 크게 증가하고 있다. 미국은 세계 최대 천연가스 생산국이자 최대 소비국이다. 최근 들어 소비량이 생산량을 추월하면서 천연가스 수입국이 됐다. 2002년에 LNG 수입이 520만 톤이었으며, 앞으로 수입

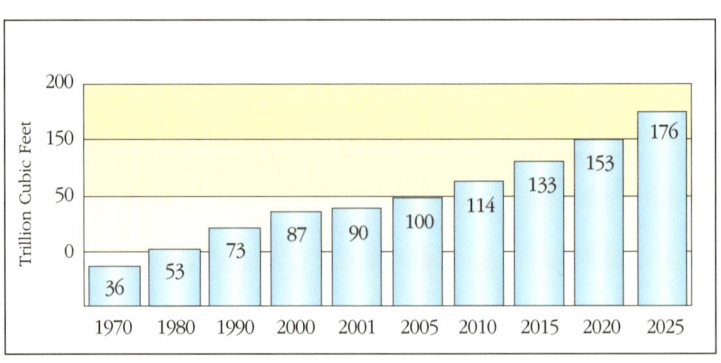

세계 천연가스 소비량

※ 출처 : EIA

량이 매년 큰 폭으로 늘어날 전망이다. 특히 미국은 환경 친화적인 천연가스 사용을 권장하면서도 잠재 천연가스 매장량의 40퍼센트를 차지하는 개발제한구역들에 대한 접근을 엄격하게 제한하고 있다. 전문가들은 미국의 이 같은 모순된 정책이 천연가스 위기를 심화시킨다고 지적한다.

아시아 지역의 천연가스 수요 증가는 한마디로 폭발적이다. 아시아 지역의 LNG 소비는 2001년 7,500만 톤에서 2015년에는 1억 5,000만 톤이 될 것으로 예상된다. 15년 사이에 소비가 2배로 늘어날 것이란 분석이다. 한국과 일본, 대만 등 기존 천연가스 수입국들의 수요가 크게 느는 데다가 중국과 인도가 새로운 천연가스 소비국으로 급부상했기 때문이다. 중국은 베이징 올림픽이 열리는 2008년까지 베이징의 난방과 전력생산의 주요 에너지원을 모두 석탄에서 천연가스로 대체할 계획이다.

한국은 일본에 이어 세계 2위의 LNG 도입국이다. 대단위 아파트는 물론 산업체 및 발전용 LNG 소비가 급격히 늘고 있다.

▼ 서울 시내를 다니는 천연가스 버스

※ 자료 : 가스공사

또 시내버스뿐만 아니라 마을버스와 청소차도 천연가스 차로 바꾸고 있다.

따라서 천연가스 수요는 처음 도입하던 1986년 11만 톤에서 15년 만에 100배 넘게 늘어났다. 1990~2002년에는 연평균 소비 증가율이 18.8퍼센트에 이르렀으며, 저성장기로 분류되는 2000~2002년에도 연평균 11.8퍼센트 늘어났다. 2003년 소비량은 1,204만 톤으로 2002년에 비해 10.5퍼센트나 많다. 이 같은 추세라면 국내 에너지에서 석유가 차지하는 비중은 2001년 50.6퍼센트에서 2011년 46.5퍼센트, 2020년 44.8퍼센트로 점차 줄어드는 반면 천연가스 비중은 2001년 10.5퍼센트에서 2011년 12.3퍼센트, 2020년 15.4퍼센트로 계속 확대될 전망이다.

일본은 세계 최대 LNG 수입국으로 아시아에서 LNG를 가장 많이 소비한다. 2001년 LNG 수요는 5,050만 톤으로 한국보다 5배 이상 많다. 2015년에는 7,290만 톤으로 늘어날 전망이다. 중국은 2001년 1,000만 톤에서 2015년 2,000만 톤으로, 인도는 2001년 500만 톤에서 2015년 1,250만 톤으로 급증할 것으로 예상된다.

아시아 지역에서 이같이 천연가스 수요가 크게 늘어나는 것은

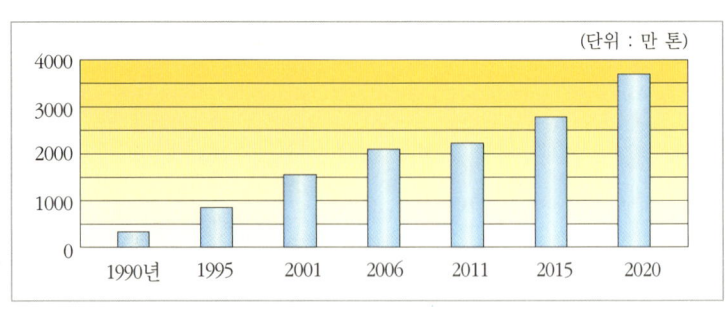

국내 천연가스 수요 전망

※ 자료 : 산업자원부

천연가스 승용차

천연가스 자동차는 경유 자동차에 비해 매연이나 미세먼지가 없고, 소음도 절반 수준이다. 또 경유차에 비해 오존을 만드는 물질인 질소산화물은 37퍼센트, 일산화탄소는 41퍼센트, 탄화수소는 16퍼센트 수준으로 적게 발생시킨다.

환경에 대한 관심이 높아지면서 전 세계적으로 천연가스 차량 운행이 늘고 있다. 우리나라는 1991년부터 1997년까지 천연가스를 연료로 사용하는 자동차 개발을 완료, 1998년 7월부터 인천과 안산 지역에서 천연가스 버스 4대를 시범운행한 데 이어 2000년 6월부터 서울 지역에 천연가스 버스 15대를 운행하고 있다. 경기도는 오는 2006년까지 시내버스 2,474대를 모두 천연가스 버스로 교체할 계획이다.

천연가스 차량에 가장 관심이 있는 나라는 미국. 일본 혼다자동차는 미국시장을 겨냥해 2004년에 천연가스로 움직이는 승용차 '시빅GX'를 판매할 계획이다. 현재 미국은 자동차 약 9만 대를 천연가스로 운행하고 있지만, 이 차는 지금까지의 어떤 천연가스 자동차보다 더 경제적이고 효율적이다. 배기량 1,668시시 중형으로 가격은 2만 500달러(약 2,400만 원) 정도로 예상하고 있다. 연료는 기존 주유소가 아니라 각 가정에서 연료주입 기구를 통해 도시가스를 자동차에 직접 넣을 수 있다. 연료를 가득 채우면 322킬로미터를 달릴 수 있다.

천연가스는 공해를 배출하지 않는 친환경 에너지여서 기존 휘발유 못지않은 효율성을 갖춘다면 천연가스 자동차는 기하급수적으로 늘어날 전망이다.

각국 정부가 가스수요 확대 정책을 펴는 데다, 다른 지역보다 빠르게 경제성장이 이루어지기 때문이다.

인류의 에너지원은 목재에서 석탄과 석유를 거쳐 천연가스로 지배권이 넘어가고 있다. 이제 천연가스 소비량은 그 나라의 경제력과 비례한다. 더 정확하게는 그 나라 국민의 생활수준과 비례한다. 따라서 천연가스 소비량은 국민생활의 안락함과 연결되기 때문에 행복지수라고도 볼 수 있다.

인류가 사용하는 모든 에너지 가운데 최선의 에너지라 불리는 천연가스를 차지하기 위한 싸움은, 그래서 불가피하다.

천연가스 생산에서 공급까지

전 세계 천연가스 매장량은 155조 톤으로 추정된다. 러시아·중동지역 등 50여 개국에서 생산되며, 유럽과 미주·아시아 등 70여 개국에서 사용하고 있다. 특히 경제협력개발기구(OECD)에 가입된 30여 선진국들이 전체 54퍼센트를 소비한다. 환경친화적인 에너지에 대한 수요가 급증하면서 생산국과 소비국 간 교역이 활발해지고 있으며, 세계 메이저 기업들이 앞 다투어 개발사업에 나서고 있다.

천연가스는 석유와 달리 지구상에 골고루 분포돼 있다. 석유 한 방울 나지 않는 우리나라도 천연가스전은 있다.

러시아와 중동지방에 각각 세계 매장량의 3분의 1 이상인 56조 톤이 매장돼 있다. 나머지 3분의 1은 아시아·대양주에 12조 톤,

(단위 : 조 입방미터)

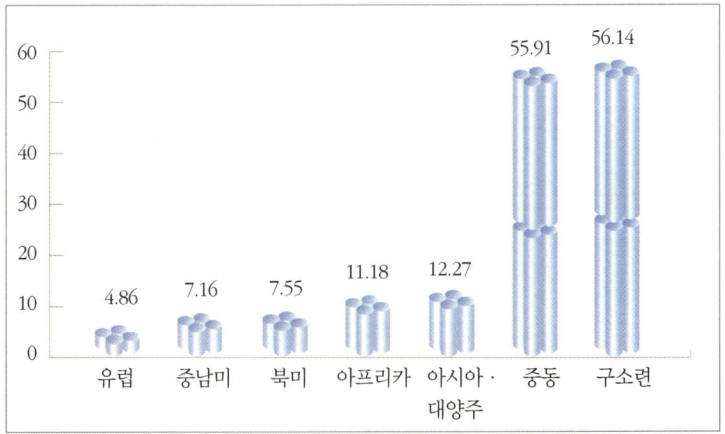

◀ 세계 천연가스 매장량

※ 자료 : 가스공사

◀ 동해안의 하이드레이트 탐사 지역

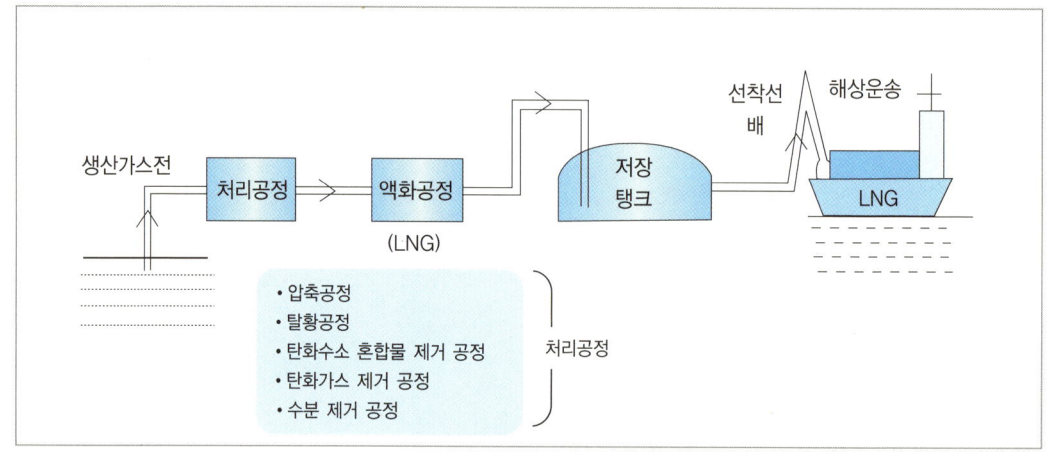

▲ 적하 장치 개념

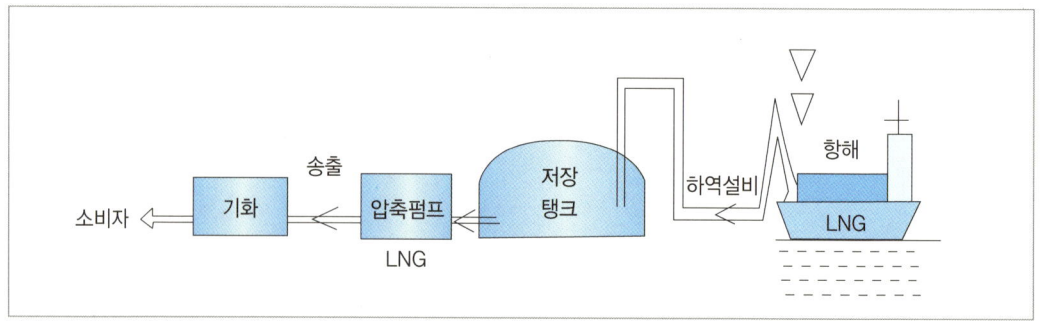

▲ 양하 장치 개념

아프리카에 11조 톤, 북미와 중남미에 각각 7조 톤, 유럽에 5조 톤 등으로 비교적 골고루 묻혀 있다.

유럽과 미주지역은 대부분 천연가스를 파이프라인을 통해 생산지에서 소비자까지 연결한다. 그러나 한국과 일본, 대만 등은 중동과 동남아나 중동 등지로부터 배를 이용해 LNG 형태로 운반해 사용하고 있다.

(1) 생 산

천연가스는 넓은 의미에서는 천연에서 산출되는 가스를 모두 일컫는 말이다. 화산가스, 온천가스, 가스전가스, 유전 및 탄전가스, 탄산천의 탄산가스 등 천연에서 산출되는 모든 가스를 말한다. 그러나 좁은 의미에서는 탄화수소류를 주성분으로 하는 가스만을 말한다. 가스는 탄전의 석탄층에서도 발생하지만, 산업적인 의미에서 천연가스라고 할 경우에는 탄전가스는 제외한다. 천연가스전은 유전과 달리 세계적으로 골고루 분포되어 있다.

매장량이 10억 톤이 넘는 초대형이 15개나 되며 1억~10억 톤 규모도 78개에 이른다. 또 2,000만~1억 톤은 289개, 500만~1,000만 톤 751개, 500만 톤 이하가 3,108개 있다. 크고 작은 가스전을 합하면 4,000개가 넘는다. 우리나라도 천연가스전이 있다. 석유공사는 1969년 국내 대륙붕 탐사에 나선 이후 30년 만인 1998년 7월 울산에서 남동쪽 약 60킬로미터 떨어진 곳에 위치한 6-1 광구 고래 V 구조를 시추한 결과 가스층을 발견했다. 이후 1999년 8월까지 3개 공에 걸친 평가시추를 통해 경제성을 확인했으며, 2002년 3월 동해-1 가스전 기공식을 가졌다. 석유공사는 400만~500만 톤 규모로 추정되는 고래 V 광구에서 연간 40만 톤 규모의 천연가스를 생산할 예정이다.

가스전은 수용형, 유용형, 유리형 등 3종류로 분류한다.

유리형 가스층은 가스와 액상이 분리돼 움직인다. 가장 경제적인 생산이 가능한 형태다. 유용형 가스층은 용해가스가 원유에 녹은 형태로 원유생산을 하면서 부산물로 가스를 생산한다. 따라서 원유생산이 주가 되고, 가스생산은 부수적으로 이루어진다.

표1 천연가스 종류 및 조성

성분 \ 가스종류	수용형 천연가스	유용형 천연가스	유리형 천연가스	탄광 가스
메탄(CH_4)	98.33	83.2	96.4	96.93
에탄(C_2H_6)	-	8.4	2.4	0.14
프로판(C_3H_8)	-	4.0	0.4	-
부탄(C_4H_{10})	-	1.9	0.3	-
C_5	-	2.0	0.1	-
이산화탄소(CO_2)	0.98	0.5	0.4	0
질소(N_2)	0.53	-	-	2.88
산소(O_2)	0.12	-	-	소량
발열량 [kcal/Nm^3]	9,380	11,730	9,830	9,270
비중(공기=1)	0.567	0.712	0.581	0.567

수용형 가스층은 가스가 물에 용해되어 있기 때문에 물을 퍼올려 가스를 뽑아낸다. 물 1톤에 용해된 가스량을 수비(水比)라고 한다. 수비는 압력에 비례한다. 깊이 1,000미터에서 1센티미터 평방에 100의 압력이 있으면 수비는 2.5 정도가 된다.

천연가스는 석유와 마찬가지로 탐사와 시추, 매장확인, 채굴 등의 단계를 거쳐 채취한다. 채굴 뒤에는 몇 단계 정제과정을 거쳐 파이프라인을 통해 천연가스 형태로 소비지로 운송하거나, LNG 형태로 만들어 배로 수송한다.

(2) 정 제

바다 밑이나 지하에서 채굴된 천연가스는 주성분인 메탄과 에탄, 프로판, 부탄 이외에 수분과 고분자탄화수소, 질소, 헬륨, 탄산가스, 황화수소 등이 함유되어 있다. 그러나 그 90퍼센트가 메탄이며, 천연가스 1톤당 수분 10그램, 황화물 5그램이 들어 있다.

이들 물질을 분리하지 않으면 발열량에 문제가 생기는 등 가스의 질이 떨어진다. 따라서 물리화학적 특성을 이용해 천연가스에서 이물질을 분리한다.

천연가스는 순도가 높을수록 질 좋은 가스가 된다. 하지만 완벽한 순도는 기술적으로도 경제적으로도 어렵다. 따라서 일정량의 불순물 함유를 허용하고 있다.

수 분

천연가스 내의 수분은 시설물을 부식시킬 뿐만 아니라 연료로서의 가치도 떨어뜨린다. 또 탄화수소와 물이 결합하면 수화물(Hydrate)이라는 밀가루 같은 것이 생겨 기계장치에 손상을 준다. 특히 천연가스를 액화하는 과정에서 얼면서 시설물에 심각한 손상을 주기 때문에 반드시 제거해야 한다. 하지만 수분을 완벽하

▷ 표2 순수가스의 물리적, 화학적 성질

성분	화학식	분자량	비점 (℃)	비중 액상	비중 기상	임계온도 (℃)	임계압력 (atm)	발화점 (℃)	연소범위 (공기혼합물 중%)	총발열량 (kcal/Nm³)
메탄	CH_4	16.04	-161.5	0.42	0.55	-82.1	45.8	595	5~15	9,520
에탄	C_2H_6	30.07	-88.6	0.55	1.04	32.3	32.3	515	2.9~13	16,820
프로판	C_3H_8	44.09	-42.1	0.59	1.52	96.7	41.9	470	2.1~9.5	24,820
i-부탄	$i\text{-}C_4H_{10}$	58.12	-11.7	0.60	2.01	135.0	36.0	462	1.8~8.4	32,020
n-부탄	$n\text{-}C_4H_{10}$	58.12	-0.5	0.60	2.01	152.0	37.5	365	1.8~8.4	31,780
공기	N_2+O_2	28.97	194.3	0.86	1.0	140.72	37.2	-	-	1.0
물	H_2O	18.02	100.0	1.00	0.662	374.1	218.2	-	-	-

게 없애기는 어렵다. 허용되는 수분 양은 일반적으로 섭씨 15도, 1기압에서 가스 10톤당 96~127그램이다.

물을 제거하는 방법으로는, 천연가스를 물이 어는 점까지 냉각시켜 얼음 상태로 분리하거나, 주울 톰슨 효과를 이용한 단순 팽창 냉동법을 적용하거나, 흡착·흡수제로 물을 흡착하거나 흡수하는 방법을 사용한다.

황화합물

천연가스 1톤에 5그램 이상 황화합물이 들어 있다. 상당한 양이다. 황화합물은 공기 중에 방출되면 심각한 공해 문제를 야기하기 때문에 황화합물을 선택적으로 흡수하는 아민류를 흡수제로 사용해 제거한다. 이런 공정을 스위트닝(Sweetening)이라고 하며, 분리된 황화합물은 황과 황산 등의 원료로 사용된다. 황화합물이 많이 함유된 천연가스는 사용할 수 없지만, 분리하면 천연가스와 황화합물을 모두 가치 있게 이용할 수 있다.

탄산가스

채굴된 천연가스에는 최고 45퍼센트까지 탄산가스(CO_2)가 포함되어 있다. 탄산가스는 질소와 마찬가지로 발열량에 큰 영향을 미치기 때문에 액화과정에서 제거한다.

먼 지

먼지(Dust)는 천연가스를 지하로부터 채취할 때 함께 올라오는 모래와, 이것에 의해 마모된 장치들의 분진을 총괄해서 일컫는다.

먼지는 고속회전을 하는 펌프나 압축기 등의 임펠러에 큰 손상을 줄 수 있으며, 장치에 주입된 윤활유 등은 압력변화가 급격할 때 미세한 입자로 분산되면서 유분을 형성해 천연가스에 섞여 가스의 질을 떨어뜨린다. 따라서 먼지 제거는 중요한 공정 중 하나다.

먼지는 사이클론, 정전기 침전법, 스크러빙 등으로 제거한다.

사이클론법은 가스를 동심원 통에서 선회시켜 먼지는 아래로 떨어뜨리고, 가스만 원심력에 따라 상승시켜 분리하는 방법이다. 가스와 먼지의 비중 차이를 이용한 방법으로 효율적이다.

전기침전법은 전극 사이를 통과하는 오염된 가스를 이온화시켜 집진장치 사이에서 걸러내는 방법이다. 책받침을 겨드랑이에 넣고 몇 차례 문지른 다음 방구석에 밀어넣으면 먼지가 달라붙는 것과 같은 방법이다.

스크러빙은 물을 분사시키거나, 처리할 가스를 얇은 액체막으로 된 충진탑에 통과시켜 제거하는 방법이다.

(3) 저 장

천연가스는 액화되면 부피가 600분의 1로 줄어든다. LNG는 액화상태에서 기화하면 다시 부피가 600배로 커진다. 따라서 천연가스를 대량으로 운반하기 위해서는 액화시켜 선박으로 운송하는 것이 효율적이다. 천연가스를 LNG로 만들려면 영하 162도 아래로 온도를 낮춰야 한다.

천연가스를 액화시키는 방법으로는 다단냉동법(The Cascade Cycle)이 일반적으로 사용되고 있다. 다단냉동법은 여러 가지 냉매를 이용해 차례로 천연가스의 온도를 낮춰 액화시키는 방법이

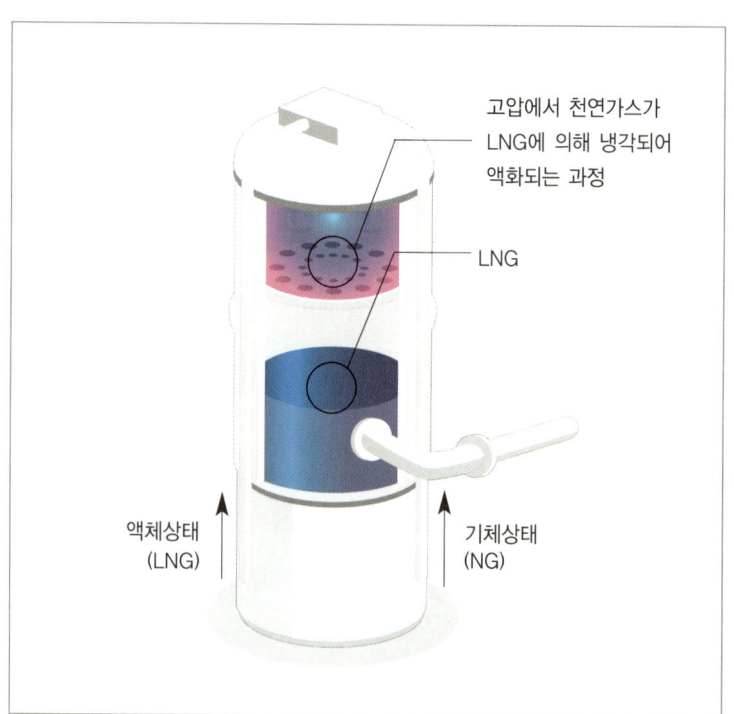

▶ 액화과정

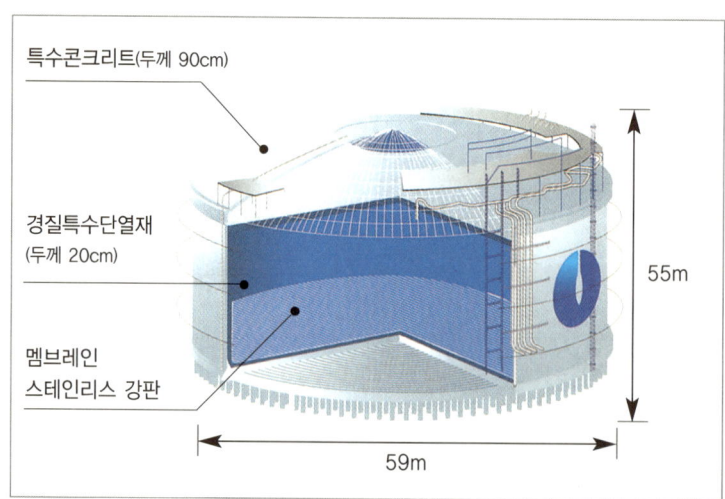

▶ LNG 저장탱크 단면도
LNG 저장탱크는 안전을 최우선으로 설계한다.

다. 먼저 에틸렌을 냉매로 프로판을 액화시키고, 이 액화된 프로판을 냉매로 다시 천연가스를 액화한다.

팽창법(Turbo Expander Cycle)은 천연가스를 가압한 뒤 터빈을 이용해 빠르게 단열팽창시키면, 천연가스의 온도가 급격하게 떨어져 액상으로 되는 원리를 이용한 것이다.

혼합냉매법(Multi-Component Refrigerant Cycle)은, 적절하게 섞은 탄화수소와 질소 혼합물을 냉매로 응축·팽창시키면 초저온 상태가 되는데, 이를 이용해 천연가스를 액화시키는 방법이다.

LNG는 영하 162도의 초저온 상태이기 때문에 외벽과 내벽 2중 구조로 설계된 저장탱크에 보관하게 된다.

보온병과 마찬가지 원리다. 보온병은 이중벽으로 만들어져 열 전달을 최소화한다. LNG 저장탱크도 외벽은 탱크에 가해지는 모든 힘을 안전하게 지탱할 수 있게 특수 콘크리트로 제작한다. 내벽은 스테인리스강으로 제작된 멤브레인 벽으로 만들어 액체상태의 LNG를 안전하게 보관할 수 있다. 벽과 벽 사이에는 열 전달을 차단하기 위해 단열재를 채운다.

 영하 162도에서는 무슨 일이 일어나나

　　LNG는 영하 162도의 극저온 상태다. 너무 낮은 온도여서 언뜻 느낌이 오지 않는다. 몇 가지 실험을 해보면 영하 162도에 대한 개념이 잡힌다.

　　LNG에 물렁물렁한 정구공을 넣었다가 꺼내서 떨어뜨리면 어떻게 될까. 마치 유리공이 깨지는 것처럼 사방으로 파편이 튀면서 박살이 난다. 또 1센티미터 두께 철판 위에 LNG를 한 방울 떨어뜨려 아래로 흘린 뒤 철판을 1미터 높이에서 떨어뜨리면 두 동강이 난다. 극저온으로 철판의 조직이 파괴됐기 때문이다.

　　금붕어 실험도 있다. LNG에 금붕어를 담그면 순간적으로 얼면서 'S'자 모양으로 굽는다. 순간 냉동상태가 되는 것이다. 이 상태에서 바닥으로 떨어뜨리면 정구공과 마찬가지로 산산이 부서진다. 그러나 냉동상태의 금붕어를 상온의 물에 넣어두면, 잠시 후에 다시 살아서 움직인다. 정상적인 금붕어처럼 오래 살지는 못하지만, 몇 십 분 동안은 멀쩡하게 헤엄치며 돌아다닌다.

　　달팽이도 영하 120도에서 냉동되었다가 다시 소생할 수 있으며, 말미잘은 영하 10도, 성게와 불가사리는 영하 5도에서 냉동상태로 있다가 다시 살아나는 것으로 알려져 있다.

　　그렇다면, 인간은 어떨까. 냉동인간은 실베스터 스탤론이 주연한 영화 『데몰리션맨』에서 시작해 이제는 웬만한 공상과학영화의 단골 메뉴가 됐다.

　　영화처럼 냉동인간이 가능할까. 안 된다. 적어도 현실 세계에서 냉동인간이 다시 살아난 사례는 없다. 그러나 과학자들은 지금은 냉동인간을 소생시킬 수 없지만, 조만간 가능한 시기가 올

것으로 믿고 있다. 그런 날이 오면, 아마 불치병에 걸린 사람들은 미래에 다시 깨어나 가볍게 병을 치료하고 인생을 즐기기 위해 냉동인간의 길을 걸을 것이다. 또 현재 삶이 재미가 없어 죽을 지경인 사람들도 마찬가지 길을 택할 가능성이 있다. 『데몰리션맨』에서처럼 죄인들을 냉동인간으로 만드는 시대가 올지도 모른다.

냉동인간은 숨이 멎었더라도 세포가 살아 있다면 다시 소생할 수 있다는 이론에서 시작됐다. 냉동인간을 만들려면, 우선 마취를 하고 몸 전체 온도를 순간적으로 떨어뜨려 세포가 괴사하는 것을 막아야 한다. 또 혈액을 인공적으로 교체해야 한다. 그 후 세포막이 터지는 것을 방지하기 위해 특수액을 몸속에 넣어 순환시키고, 액체질소를 뿌려 냉동 처리한 다음 특수 제작한 내부 용기에 넣고 저장탱크에 보관하면 된다.

이론은 간단하다. 하지만 구조가 복잡한 인간을 냉동상태에서 다시 복원하기란 쉽지 않다. 아직 현실적으로 해결하지 못하는 문제점이 많다. 신장 등 일부 기관은 냉동한 뒤에 다시 정상 온도로 되돌리면 기능이 회복된다는 것이 증명됐다.

문제는 뇌다. 현재의 과학기술로는 한번 정지된 뇌 기능을 정상적으로 돌리기는 불가능하다. 특히 기억력을 되살리는 일은 가장 풀기 어려운 숙제다. 뇌 연구가 발전하면서 기억과 관련된 뇌 구조가 밝혀지고, 기억기능이 작용하는 메커니즘을 발견한다면 기억력을 회복시킬 가능성은 있다. 일부 과학자들은 나노기술이 뇌세포의 손상을 수리할 수 있을 것으로 보고 있다.

뇌 문제와 함께 난제로 꼽히는 것이 피부다. 조그만 생물체는 순간 냉동과 순간 해동이 가능하다. 하지만 인간은 부피가 크기 때문에 순식간에 몸 전체를 냉동하기가 어렵다. 순간 냉동이 가능하다 해도 사람 몸은 70퍼센트가 물로 구성돼 있어, 얼리고 녹이는 과정에서 정상적인 모양을 유지하기가 어렵다. 물은 얼음으로 바뀌면 부피가 커지기 때문에 우리 몸의 세포들이 순식간에 모양이 바뀔 가능성이 높다. 얼음에서 다시 물로 변할 때는 반대로 부피가 줄어들기 때문에 적응이 어렵다.

그러나 도전은 이미 시작됐다. 미국 애리조나 주에 위치한 냉동인간 회사인 알코어 등 4곳에서는 현재 100여 구의 냉동인간을 보관하고 있다. 대부분 불치병에 걸려 현재 의술로는 살아날 가망이 없는 사람들이다.

냉동인간이 되는 데 드는 비용은 12만 달러가 넘는다. 우리 돈으로는 1억 5,000만 원에 가깝다. 비싸지만, 많은 불치병 환자들이 냉동인간이 되기 위해 줄을 서고 있다.

최초의 냉동인간은 미국의 심리학자 베드퍼드다. 그는 1967년 신장암으로 시한부 인생을 선고 받고, 냉동인간의 길을 택했다. 그는 미래에 암 치료법이 나올 때를 기다리며, 영하 196도의 질소 탱크로 들어갔다. 당시 나이는 73세. 아직 살아 있다면 110세나 된다. 시간의 흐름이 멈춘 베드퍼드는 그냥 73세인지 모르겠다.

전문가들은 2045년쯤에는 냉동인간에서 깨어나는 최초의 인간이 나타날 것으로 예상하고 있다. 최초의 냉동인간인 베드퍼드가 최초의 해동인간이 될 가능성도 있다. 만약 베드퍼드가 2045년에 깨어난다면, 자식보다 나이가 적은 아버지가 될 것이다. 신의 영역에 도전하는 인간의 의지가 이루어질지 궁금하다.

(4) 운송

미국이나 유럽 등지에서는 천연가스를 파이프라인을 통해 운송한다. 생산하는 곳과 소비하는 곳이 그리 멀지 않은 데다, 육지로 연결되어 있기 때문이다. 하지만, 우리나라나 일본처럼 천연가스전에서 멀리 떨어진 나라는 천연가스를 액화시켜 LNG 형태로 운송을 한다.

현재 한반도 주변국들 사이에서는 러시아의 이르쿠츠크 가스전과 사할린에서 러시아 극동지방으로 연결한 다음 북한을 거쳐 한국으로 잇는 파이프라인 건설을 논의하고 있다. 그러나 아직 계획단계여서 언제 실현될지는 미지수이다. 특히 북한을 통과하는 파이프라인은 서해를 통과하는 것보다 80퍼센트 이상 비용이 많이 들고, 경제적인 문제 이외에도 정치 문제 등 복잡한 형태를 띠고 있어 실현 가능성이 불투명하다. 가스공사는 이르쿠츠크에서 이르면 2010년, 늦어도 2013년부터 천연가스를 도입할 수 있을 것으로 예상하고 있다.

따라서 우리나라는 당분간 파이프라인보다는 배를 이용한 LNG 수송이 중심이 될 전망이다. 다만 LNG는 영하 162도의 극저온 상태여서 운반이 쉽지 않다. LNG를 운반하는 LNG 운반선을 호화유람선과 함께 '선박의 꽃'이라고 부르는 이유도 이 때문이다.

이 배를 건조하는 조선소는 세계 조선시장에서 최고 기술을 가진 것으로 대접받는다. 당연히 일반 가스선을 수주하는 데 유리하게 작용한다. 영하 162도나 되는 LNG 운반선을 건조했는데, 영하 42도짜리 액화석유가스(LPG) 운반선을 못 만들겠느냐는 인식

표3 LNG와 LPG 비교

구 분	LNG	LPG	
주성분	메탄(CH_4)	프로판(C_3H_8)	부탄(C_4H_{10})
비중(공기대비)	0.55	1.55	2.07
연소범위(%)	5~15	2.1~9.5	7.8~8.4
발화온도(℃)	540	450	405
액화온도(℃)	-162	-42	-0.5

이다. LNG선이 LPG선보다 기술적으로 한두 단계 윗기술이 필요한 것이 사실이다. 따라서 대부분의 조선소들은 LNG선 건조에 앞서 덜 까다로운 LPG선을 먼저 건조하는 것이 보편적이다.

또 LNG선은 1척 가격이 1억 5,000만 달러 내외로 초대형유조선(VLCC) 2척과 비슷하다. 당연히 일반 배보다 남는 것이 많다. 세계 조선소들이 이 배를 수주하기 위해 치열하게 다투는 것도 이런 이유 때문이다. 현재 세계 LNG선 시장은 우리나라 조선소들이 거의 싹쓸이를 하다시피 하고 있다. 현대중공업, 대우조선해양, 삼성중공업, 한진중공업이 세계 LNG선 시장의 절반 이상을 석권하고 있다.

국내로 들여오는 LNG 운송은 현대상선과 한진해운, 대한해운, SK해운 등이 맡고 있다. 이들은 인도네시아, 말레이시아, 브루나이, 오만, 카타르, 호주 등 6개 나라에서 천연가스를 싣고 온다. 동남아시아를 왕복하는 데는 15일, 중동지역은 한 달 정도가 걸린다.

수명도 몸값도 더블

LNG선은 몸값이 초대형유조선(VLCC)이나 벌크화물선 또는 컨테이너선 등 일반적인 선박의 2~3배 수준이다. 사용 가능한 수명도 일반 배에 비해 2배나 길다. 비싸지만, 오래 사용할 수 있다는 말이다.

통상 일반 선박은 20~25년 사용하면 폐선 처리하지만, LNG선은 40년 이상 간다. 물론 중간에 선박검사를 하는 선급으로부터 안전진단을 받아야 한다.

LNG선이 일반 배에 비해 수명이 긴 것은 비싸기 때문만은 아니다. 이는 LNG가 비부식성인 데다 비중이 0.46~0.48로 물 무게의 절반에 불과하고, 특정 항로만 운항함에 따라 배가 받는 피로감이 적기 때문이다.

선박의 나이가 40년이라는 것은 사람으로 비교하면 120세 이상이라는 의미다. 의학이 발달하면서 사람의 수명이 늘어났듯이 과학의 진보는 배의 수명을 계속 늘리고 있다.

LNG선은 부가가치가 높다. 일반 배들은 영업이익이 선박가격의 10퍼센트 정도지만, LNG선은 20퍼센트에 이른다. 척당 가격을 1억 5,000만 달러만 잡아도 영업이익은 3,000만 달러 이상이다.

1척을 건조하면 300억 원 이상 남는다. 선박가격과 이익률이 일반 배의 각각 2배인 점을 감안하면, 이익은 4배가 된다. 또 여러 척을 줄지어 건조하는 시리즈선의 경우에는 건조비를 더 줄일 수 있어, 이익을 더 많이 남길 수 있다.

(5) 하 역

LNG선이 항구에 들어갈 때는 2척의 예인선이 앞뒤로 끌고 당긴다. LNG를 육상기지로 내릴 때는 만일의 사태에 대비해 4척의 예인선이 대기한다. 일반 화물선은 1~2척만 대기한다.

LNG선이 부두에 고정되면, 3개의 LNG 하역설비와 1개의 천연가스 설비를 육상과 연결하게 된다. LNG를 하역하면서 탱크 빈 공간에는 천연가스를 채워넣는다. 그냥 LNG를 내리면 됐지 왜 천연가스를 넣어야 할까. LNG선 저장탱크에서 LNG를 육상으로 내리면 탱크 내 압력이 줄어들어 탱크가 손상을 입을 가능성이 있기 때문이다. 따라서 배에서 육상으로 LNG를 내리면서, 거꾸로 육상에서 배로 천연가스를 보내 압력을 유지하게 된다.

▼ LNG를 싣는 탱크 속 모습 가운데 파이프라인이 LNG를 내릴 때 사용하는 카고 펌프.

이는 주전자에 공기구멍이 있는 것과 마찬가지 이유다. 물을 따를 때 공기구멍으로 공기가 들어가야 주전자에서 물이 잘 빠져 나오는 것과 같은 원리다. 또 날계란을 먹을 때 앞뒤로 구멍을 내는 것도 같은 이치다. 한쪽만 구멍을 내면 액체라 하더라도 잘 흘러나오지 않는다. 압력이 작용하기 때문이다.

LNG 펌프는 화물창 내부에 설치된다. 이 펌프는 잠수형태로 LNG에 잠긴 채로 운전된다. LNG는 전기가

◀ LNG 하역 설비

통하지 않는 부도체여서 전기부품이 잠겨 있어도 문제가 생기지 않는다. 오히려 LNG가 냉각과 윤활역할을 한다.

적하 및 양하 시 사용하는 밸브는 부엌이나 화장실에서 사용하는 밸브와 같은 역할을 한다. 다만 극저온 상태로 유지되어야 하기 때문에 특별한 설계와 재질이 필요하다. 따라서 밸브 하나가 승용차 몇 대 값과 맞먹는 것도 있다. 카고 리모트 버터플라이 밸브는 한 개에 2,800만 원, 리모트 하이드로 극저온 밸브는 3,800만 원이나 한다. 밸브 1개가 대형차 1대, 중형차는 2대, 소형차는 3대 이상의 가격이다. 몇 개 모으면 웬만한 집 한 채 값이다.

12만 5,000톤, 13만 5,000톤급 LNG선에서 LNG를 모두 내리려면 12시간 정도가 걸린다. 14만 톤급 LNG선 1척이 싣고 온 LNG를 유조차로 나르려면 17,500대가 필요하다. 이는 전국 도시가스 사용량의 3~4일치 분량이다. 물론 대부분의 LNG는 기화시켜 천연가스 형태로 파이프라인을 통해 전국에 공급된다. 따라서 실제 LNG 형태로 운송되는 물량은 그리 많지 않다.

▲ LNG 하역 장면

(6) 육상 적하 · 양하 설비

LNG선이 육상 LNG 생산기지나 수입기지에 도착하면 육상설비와 연결된다. 이때 바다에서 움직이는 LNG선과 고정된 육상설비를 유기적으로 연결해주는 것이 칙산암(Chicksan Arm)이다. 칙산암이란 말은 충청남도 직산이라는 고장 이름에서 유래가 됐다.

사연은 다음과 같다.

1900년대 초기에 미국의 광산업자가 직산면 일대에서 금광 개발사업을 시작했다. 이후 이 회사 직원들이 미국으로 돌아가서 금광이 있던 직산의 이름을 따서 'Chicksan'이라는 회사를 차렸고, 유기적 연결장치를 만들게 됐다. 그리고 나중에 이를 LNG 하역장치에 응용하게 됐다. 이 장치가 LNG를 양하역하는 유일한 장치인 칙산암이다. 칙산이라는 회사이름에다 팔이라는 뜻의 암(Arm)을 붙여 칙산암이라 한다.

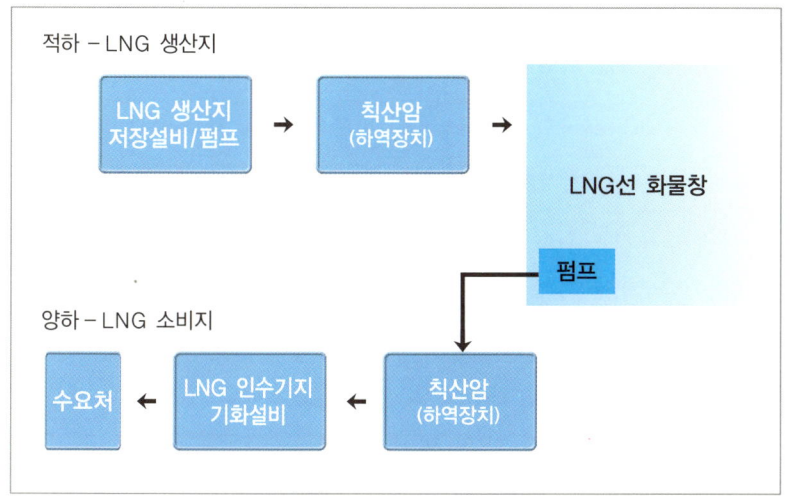

◀ 적하 · 양하 장치 개념

우리나라는 평택, 인천, 통영 3곳에 LNG 인수기지가 있다. 평택에는 지상식 저장탱크 10기에 100만 킬로리터, 인천에는 지상식 10기 · 지중식 5기에 188만 킬로리터, 통영에는 지상식 저장탱크 5기에 70만 킬로리터를 저장할 수 있다.

가스공사는 2003년 말 현재 LNG 탱크로리 12대와 CNG(압축천연가스) 이동충전차량 96대를 운영하고 있다. 이들 차량은 최고속도 제한장치와 차량위치 추적시스템 등 안전운행 보조장치를 장착하고 있다. LNG를 운송하는 차량들은 현행 자동차안전기준에 관한 규칙에서 운행기록계와 최고속도 제한장치 장착을 의무화하고 있다.

(7) 소 비

LNG를 일반 소비자한테 보내기 위해서는 다시 천연가스로 기화해야 한다.

기화방법은 바닷물을 이용해 온도를 높이는 해수식과 천연가스를 연소시켜서 나오는 열을 이용하는 연소식 두 종류가 있다. 통상 해수식을 사용한다. 연소식은 비용이 많이 들기 때문이다. 그러나 가스 수요가 늘어나 해수식만으로 공급량을 맞추기 어려울 때는 연소식도 사용한다.

기화기를 거쳐 기체상태로 변한 천연가스는 계량설비와 가스가 샐 경우 냄새로 알 수 있도록 천연가스에 냄새를 넣어주는 부취설비를 거친 후 전국 배관망을 통해 수요자에게 공급된다. 우리나라는 전국 배관망의 길이가 2,435킬로미터에 이른다. 서울~

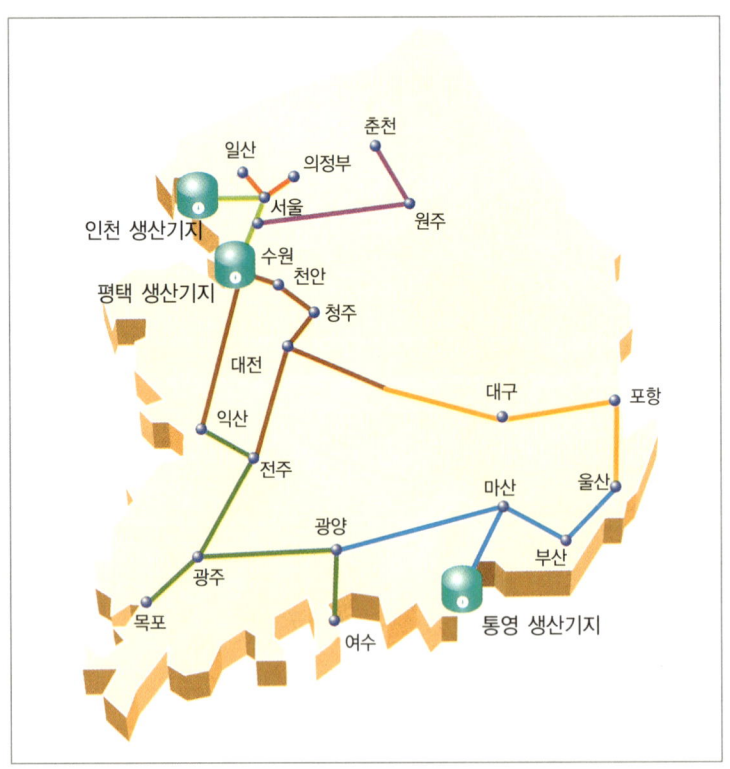

▶ 전국 2,435킬로미터를 하나로 잇는 배관망도

부산을 두 번 반이나 왕복하는 거리다.

천연가스에 부취제를 넣는 이유는 천연가스는 색도 냄새도 없기 때문에 누설을 알기가 어렵기 때문이다. 가스 누설을 즉각적으로 확인할 수 없다는 것은 사고 위험이 그만큼 높아진다는 것을 의미한다.

국내에서는 부취제로 연탄가스 냄새가 나는 T.H.T.(Tetra Hydro Thiophene)와 양파 썩는 냄새가 나는 T.B.M.(Tertiary Butyl Mercaptan)을 7 대 3 비율로 섞어 사용한다. 연탄가스에 양파 썩는 냄새가 섞여서 자극적이면서도 고약한 냄새가 난다. D.M.S.라는 부취제는 마늘냄새가 난다.

냄새가 강렬할수록 부취제로는 적합하다. 그래야 조금이라도 가스가 누출되면 곧바로 확인할 수 있기 때문이다. 지적 호기심이 강한 독자라면 한번쯤 집에서 도시가스 냄새를 맡아보는 것도 사고방지를 위해 괜찮은 방법이다.

부취제는 일반적으로 적은 양으로도 효과적인 부취특성을 가져야 하고, 확산도가 커야 하며, 상대 휘발도가 크고, 냄새가 다른 물질과 명확하게 구분돼야 한다. 더욱 중요한 것은 인체에 무해하며, 완전연소가 가능하고, 연소 후 유독물질을 생성하지 않으며, 온도에 따른 응축도 및 휘발도 변화가 낮고, 물리·화학적으로 안전한 화합물이고, 천연가스와 잘 혼합되며, 부식을 유발하지 않고, 배관 및 계량기에 흡착되지 않아야 한다. 이와 함께 물에 흡수되지 않고, 투과성이 우수하며, 경제적이고 처리하기 쉬워야 한다.

2
Liquefied Natural Gas Ship

선박의 왕, LNG선

LNG선, 어떤 배인가

　호화유람선이 여객선의 왕이라면, LNG선은 화물선의 왕이다.
　산속에서 호랑이가 움직이면 모든 동물이 숨을 죽이듯, LNG선이 항구에 들어오기 위해 움직이면 다른 배들은 일체 운항이 금지된다. 안전규정상 LNG선이 움직일 때 다른 선박들은 멀찌감치 피하도록 하고 있다. 만일 충돌사고가 일어나면 피해를 가늠하기 어려운 대형사고가 우려되기 때문이다. 이에 따라 LNG를 싣고 내릴 때는 예인선 4척이 비상 대기를 한다. 비상상황이 발생하면 즉각 배를 안전한 곳으로 이동시키는 역할이다.
　LNG선은 일반 배들과 달리 배 옆부분에 배 이름을 쓰지 않는다. 위험물을 싣고 다닌다는 경고의 뜻으로 배 이름 대신 화물의 이름인 LNG라는 글씨를 크게 써놓는다. 배 크기에 따라 다르지만, 배 옆부분에 쓰는 LNG 글씨의 크기는 각각 10미터 정도 된다.

'L'자 크기 하나가 3층 건물보다 높다는 말이다.

충돌이나 폭발 등으로 LNG선에 사고가 일어나면 얼마나 큰 피해가 날까. 물론 LNG는 영하 162도의 극저온 상태여서 여간해서는 잘 폭발하지 않는다. 하지만 문제가 발생하면 대형사고로 이어질 가능성이 높다. 예전에 일본의 한 연구소에서 LNG선이 폭발했을 경우를 가상한 보고서를 만들었다. 이 보고서는 LNG선이 폭발하면, 사고 지점에서부터 반경 몇 킬로미터는 가진공 상태가 돼 생물체가 살기 어렵다고 경고하고 있다. 더욱 무서운 것은 가진공 상태에서 주위와의 기압 차이가 해소되면서, 폭풍과 해일이 수십 킬로미터를 휩쓸 것이란 예상이다. 평택 인수기지에서 사고가 난다면, 서울까지도 영향권에 들어가는 것이다.

미국 하버드 대학의 앤드류 놀 교수와 노스웨스턴 대학의 그레고리 라이스킨 교수는 최근 독일의 슈피겔지에 기고한 글에서 약 2억 5,000만 년 전에 바다 밑에 있는 메탄가스가 폭발해 대규모 해일이 발생했으며, 이로 인해 해안에 살던 인류 95퍼센트와 내륙에 살던 인류 70퍼센트가 숨졌다고 주장하기도 했다. 라이스킨은 "바다 속 지면에 균열이 생기면서 가스가 대량 방출돼 폭발이 일어났다."며 "균열을 만든 장본인은 해양생물."이라고 주장했다. 놀은 "이 생물에 대해 알 수는 없지만, 가스가 용해된 바닷물이 육지로 범람하면서 대참사가 일어났다."고 말했다. 이들의 주장에 대한 사실 여부는 판단하기 어렵다. 다만, 천연가스의 주성분이 메탄이라는 점을 감안하면, 천연가스가 600분의 1로 응축된 LNG를 싣고 다니는 배가 폭발할 경우에도 엄청난 사태가 발생할 것은 틀림없다.

배는 여자다

곡선이 생명이다

여성의 곡선은 오래 전부터 생명을 잉태하고 순산할 수 있는 기준으로 인식됐다. 실제 허리와 엉덩이 비율이 낮은 여성이 순산할 가능성이 높다는 연구보고서도 있다. 개미허리를 가진 여성은 여성호르몬인 에스트로겐 분비가 많아 임신 가능성이 높고, 엉덩이가 크면 산도가 넓어 분만에 유리하다는 것. 남성들이 본능적으로 곡선이 좋은 여성을 찾는 이유다.

배는 그 곡선도에 따라 성능이 좌우된다. 배 앞부분은 파도와 직접 부딪히는 곳이어서 저항을 줄이기 위해 특수한 곡선설계를 한다. 몸체도 앞에서 뒤까지 유연한 곡선형이어야 한다. 꼬리 부분도 소용돌이 저항을 줄일 수 있는 형상을 갖추어야 한다.

화장하지 않고는 살 수 없다

배는 취항에 앞서 전체적으로 페인트 칠을 한다. 이는 바람과 햇볕으로부터 피부를 보호하기 위해 여성들이 외출하기 전에 얼굴을 화장하는 것과 같다. 배는 바람과 햇볕은 물론 배 표면에 녹과 이물질이 달라붙는 것을 막기 위해서다.

나이가 들수록 화장이 짙어지는 것도 같다. 여성들이 나이가 들면 화장을 짙게 하듯, 배도 오래되면 페인트 칠을 두껍게 한다. 그래야 제 기능을 유지할 수 있기 때문이다.

만드는 것도 유지하는 것도 어렵다

배와 여성은 조심해서 다루지 않으면 깨지기 쉽다. 만드는 것도 유지하는 것도 어렵다. 이들과 좋은 관계를 지속하기 위해서는 시간과 돈, 정열이 필요하다. 깊은 관심을 갖고 닦고, 조이고, 기름 치고, 쓸어주고, 덧칠하는 애정이 필요하다.

한 달에 한 번씩 마술(?)에 걸리는 것도 같다. 배도 각종 노폐물을 일정기간 모아서 밖으로 배출한다. 또 좀처럼 아랫부분을 노출시키지 않는다. 배가 아랫부분을 보이는 경우는 좌초했거나 수리를 위해 육지로 올라오는 비상상황 때뿐이다.

남성만 탄다

배는 남성의 전유물이다. 배를 남성들만 탄다고 생각하면 왜 여성으로 비유되는지 이해될 것이다. 배가 여성으로 인식되다 보니 배를 만드는 조선소 사람들과 배를 타는 선원들은 예전부터 딸을 많이 낳는다는 속설이 있다. 하루 종일 배에 올라타 지지고 볶고 용접을 하다 보면 양기가 쇠해져 딸을 낳을 확률이 높다는 것. 한 번 배에 올라가면 몇 달씩 내려오지 못하는 선원들은 두말할 필요도 없다.

요즘은 남성이 남성을 타기도 하고, 여성이 배를 타기도 하면서 세상이 변하고 있다. 이를 반영해서인지 세계에서 가장 오래된 해운 일간지인 〈로이드 리스트〉는 2002년부터 선박을 지칭할 때 여성 3인칭 대명사 'she' 대신에 3인칭 중성 대명사인 'it'를 사용한다고 선언했다. 여러 매체에서 이미 'it'를 사용하고 있지만, 전통을 중시하는 해운업계 전문지가 이를 받아들인 것은 의미 있는 변화다.

LNG선 어떻게 만드나

배는 일반 건축물보다 규모가 훨씬 크고 복잡하다. 가격도 수백억 원에서 수천억 원에 이른다. 일반적인 공산품과 가장 다른 점은 주문생산 방식이라는 데 있다.

자동차는 공장에서 대량으로 생산해 소비자에게 판매하지만, 배는 먼저 주문을 받아야 건조에 들어간다. 선주는 발주를 하기 전에 건조할 배의 종류와 크기, 항로와 속도, 국적 및 선급 같은 기본적인 사항을 정해놓고 여러 조선소에 납기(완공 가능한 시기)와 가격을 의뢰한다. 그러면 조선소는 생산능력과 수주잔량 등을 신중히 검토해 구체적인 사양서와 납기 및 가격을 선주 측에 제시해 상담을 한다.

선주와 조선소 간 건조계약이 체결되면, 조선소는 건조계획을

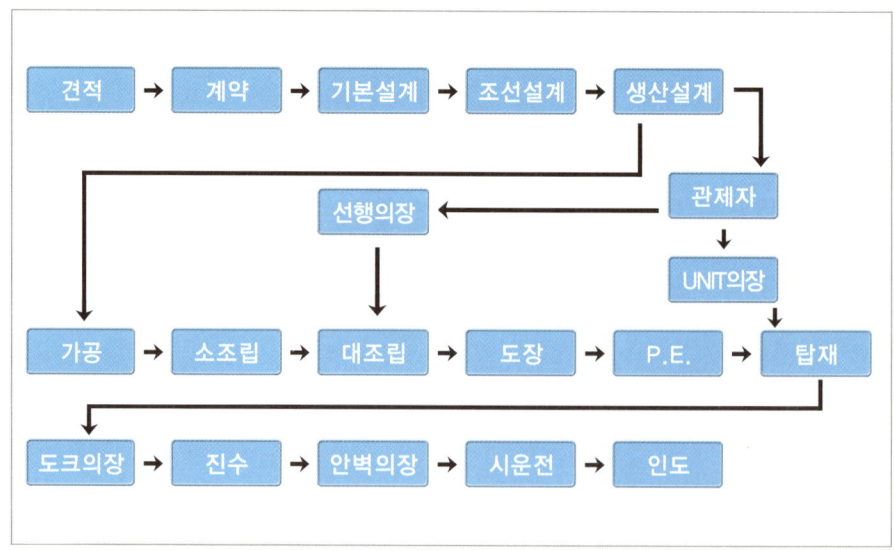

▸ LNG선 건조 과정도

수립하는 한편 기본설계에 착수한다.

LNG선 1척을 건조는 데는 대체적으로 설계기간 10개월을 포함해 2년 4개월 정도가 걸린다. 1990년대 초에는 건조기간이 3년이었다. 설계가 끝나면 현장작업이 시작된다. LNG선을 만드는 과정도 화물창 작업을 제외하면 일반 배와 크게 다를 것이 없다.

우선 가공공장에서 강재 전처리작업, 강재절단, 성형작업을 한다. 철판을 잘라서 배의 부분적인 모양에 맞도록 접고, 굽혀서 도면과 같이 만드는 것이다.

다음은 크기가 작은 부재 몇 개를 서로 결합시키는 소조립 작업을 거쳐, 소조립된 구조물 몇 개를 붙여 대조립을 한다. 다시 대조립 구조물을 조립하면 배가 된다. LNG선은 특별히 제작된 화물창 작업을 별도로 해야 한다.

독(dock)에 첫 번째 블록을 배치하는 것을 용골배치(Keel Laying)라고 한다. 기공을 시작으로 독에서 블록을 탑재하고 용접해 선체가 완성되면, 독 안에 바닷물을 넣어 배를 띄우고 바다로 나가는 진수(Launching)를 한다. 진수된 배는 다시 안벽에 붙여 마무리 의장공사를 하고, 시운전을 거쳐 선주에게 인도된다.

시운전 대기 중이거나 명명식 후 인도 대기 중인 LNG선들

LNG선 건조 과정

1. **강재절단** : 전처리된 철판을 선각 블록을 제작할 수 있는 각 부재로 절단.

2. **블록 제작** : 조립공정은 용접로봇 및 3차원 곡면 가공기 외 다양한 최신 장비와 함께 고경력 작업자가 작업하여 최고의 품질과 정도 확보. LNG선은 블록 180여 개로 분할 제작됨.

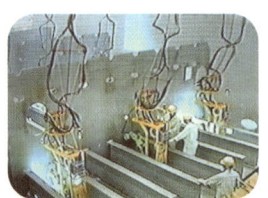  

3. **카플러 베이스(Coupler Base) 선행작업** : 대형 블록공법으로 단열박스 시공용 카플러 베이스를 사전 설치하여, 용접 시 발생하는 바닥짐 싣는 탱크(Ballast Tank)의 페인트 손실을 블록 상태에서 탑재 전에 완전히 수정하여 품질 확보함.

카플러 베이스 설치   카플러 베이스 자동 용접   카플러 베이스 선행 후 이동

4. 블록 탑재작업 : 대형 블록공법은 100만 톤 독과 900톤 골리앗 크레인 등이 있기에 가능하며, 작업조건이 좋은 블록단계에서 많은 작업을 소화할 수 있어 품질과 생산성을 더욱 높여줌.

5. 컨테이너 시스템 공사용 스카폴딩 : 대형 블록공법으로 CCS(Cargo Containment System) 공사용 스카폴딩도 개방된 블록단계에서 설치하여 작업시간을 대폭 줄임.

6. 대형 블록 탑재작업 : 대형 블록공법으로 거주구도 한 개의 단위로 탑재.

7. 의장 사전 제작 작업 : 공장(Shop)에서 사전 제작 및 보온 작업한 후 단위 조립하여 설치.

8. 의장 설치 작업 : 900톤 골리앗 크레인 등이 있어 대형 단위화하여 의장품 설치.

9. 엔진 룸 대형 단위 : 2대의 보일러 및 주변기기 전체를 한 단위로 제작한 거대한 정글 짐을 탑재하였으며, 카고 기계실도 대형 단위 하나로 제작하여 탑재하는 LNG선 건조 초유의 혁신을 달성.

10. 진수 : 탑재 작업이 완료되면 컨테이너 시스템 작업 등 안벽공사를 위해 독에서 진수하여 안벽으로 이동.

 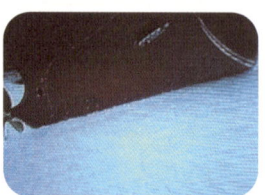 

11. 카고 탱크 건조 : 카고 컨테이너 시스템 작업

11-1. 카플러 베이스 설치 : 단열박스 시공용 카플러 베이스 설치.

11-2. 평면(Flatness) 계측 : 단열박스 시공에 앞서 절대 평면을 만들기 위해 레이저 빔과 디지털 타깃을 이용해 계측.

11-3. 에폭시 수지 도포 : 단열박스 시공 시 선체의 단차를 보상하여 박스의 톱 부위가 평면이 되도록 하는 에폭시 수지 도포 작업.

11-4. 단열 박스 설치 : 요구되는 메탄 기화량을 만족시키기 위해 펄라이트가 충전된 단열박스(바깥쪽 300밀리미터, 안쪽 230밀리미터)를 카고 탱크 선체에 설치.

지그 사용 설치

수동 설치

설치 완료 모습

11-5. 인바 텅(Tongue) 및 멤브레인 설치 : 단열 박스가 설치된 위에 경계 형성을 위해 36퍼센트 니켈 합금강인 인바로 된 멤브레인 설치.

텅 설치

스트레이크 포밍

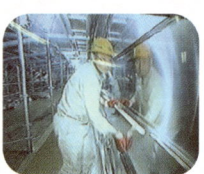
스트레이크 설치

스트레이크 심 용접

11-6. 멤브레인 기밀 시험 : 멤브레인 설치 용접 완료 후 용접부 기밀 확인을 위해 헬륨 가스를 사용하여 누출 테스트 시행.

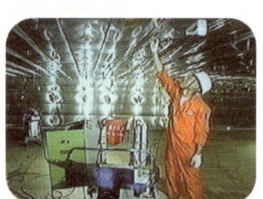

11-7. 트리포드 마스트(Tripod Mast) 설치 : 멤브레인 공사 완료 후 대령 구조물(길이 31 미터, 무게 21톤) 트리포드 마스트 탑재. 1밀리미터 이내 오차로 정밀하게 제작된 트리포드 마스트에는 탱크에 LNG를 적하 및 양하하는 펌프가 설치됨.

11-8. 카고 탱크 부피 측정 및 카고 탱크 완성

    카고 탱크 부피 측정　　　　　카고 탱크 완성

12. 해상 시운전 : 해상 시운전에서는 일반 선박과 같은 각종 테스트가 수행되며, 특히 주 추진기관인 스팀 터빈에 대해 선주, 선급이 참여하는 공식 시운전을 수행함.

13. 콜드 테스트(Cold Test) : LNG선의 카고 컨테이너 시스템 및 카고 핸들링 시스템을 점검하는 콜드 테스트가 실시되는데, 액화 질소 증기를 사용하여 영하 163도까지 온도를 내린 뒤 각종 장치의 정상 작동을 확인.

14. 가스 시운전(Gas trial) : 시운전 마지막 단계로 가스 시운전이 실시됨. LNG 저장고에서 2천 톤 이상의 LNG를 싣고 2주 이내에 LNG 양하역 매니지먼트, 보일러 내 가스 소각 등 실제 LNG선의 운전에 대한 완벽한 선박 성능을 입증.

15. 인도

일반 배 건조 과정

① 설계

초기 설계단계에서는 건조 계약서 및 사양서를 기준으로 성형 및 프로펠러 설계와 모형시험이 실시된다.

② 절단

설계대로 철판을 자르는 공정. 철판은 녹 방지 페인트 칠을 한 다음 컨베이어를 타고 절단 공장으로 들어감.

③ 조립

절단된 철판들을 용접으로 붙여 큰 덩어리(블록)로 만드는 공정.

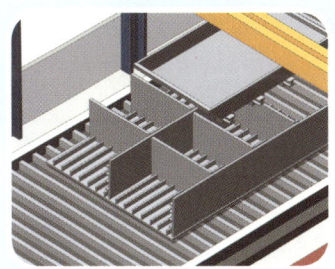 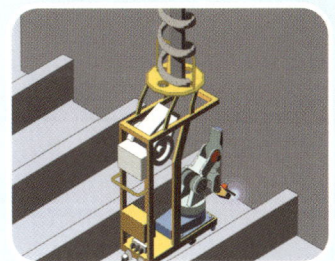

④ 선행의장

선박의 각종 의장품을 블록 조립단계에서 미리 조립하는 공정.

⑤ 도장

쇠로 만들어진 배에 녹이 슬지 않도록 페인트 칠을 하는 공정.

⑥ 탑재

조립과 도장을 마친 블록을 독에 쌓아 배 모양을 완성하는 공정.

⑦ 진수

겉모양이 완성된 배를 물에 띄우는 공정.

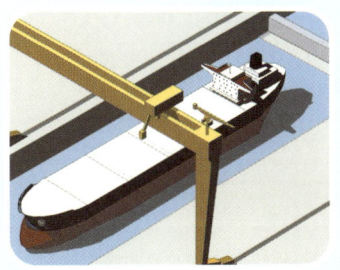
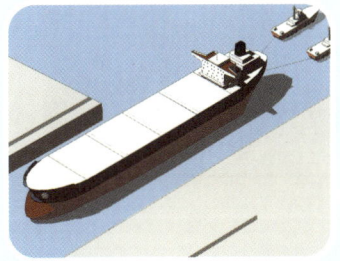

⑧ 안벽의장

배의 각종 기계장치와 배관, 전기설비 등, 모든 의장품을 설치하고 확인검사까지 마무리하는 공정.

⑨ 시운전

실제 항해와 똑같이 배를 운항하면서 모든 기능을 시험해보는 공정.

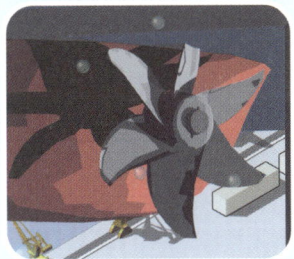
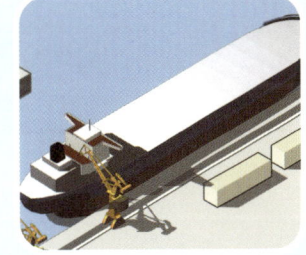

⑩ 명명

배 완성 후 조선소에서 배 이름을 짓는 명명식을 함. 배의 명명은 선주 측에서 지명하는 여성이 하며, 그 후 비로소 화물을 운송하는 선박으로서 호적이 생김.

⑪ 인도

양사 대표들 간 인도 서명으로 선박의 소유권이 선주 측으로 넘어가 본격적인 운항 시작.

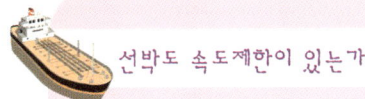
선박도 속도제한이 있는가

속도 무제한 고속도로인 독일의 아우토반에서는 엄청난 속도로 달리는 차들을 쉽게 볼 수 있다. 도로가 잘 정비된 데다 곧게 뻗어 있어 시속 200킬로미터는 우습게 달린다. 그러나 아우토반을 제외한 대부분의 도로는 제한속도가 있다. 속도가 빠르면 빠를수록 대형사고로 연결될 가능성이 높기 때문이다.

배가 다니는 바다도 속도제한이 있는가. '없다'고 말하면 틀린다. 속도제한이 있다. 물론 사방이 탁 트인 넓은 바다에서야 배의 성능에 따라 경제속도로 달리면 된다. 하지만 배들이 붐비는 항구 내에서는 속도제한이 있다.

인천지방해운항만청은 인천항 남한부두와 역무선부두, 연안부두, 북항, 선거 내에서는 8노트(시속 약 14.8킬로미터)로 제한하고 있다. 영종대교 이남 해역과 남항에서 북쪽으로 영종도를 잇는 해역은 12노트(시속 약 22.2킬로미터), 이를 제외한 나머지 해역은 20노트(시속 약 37.0킬로미터)로 지정해 놓고 있다. 이를 위반할 경우에는 개항질서법에 의해 200만 원 이하의 과태료를 부과한다.

LNG선의 핵심, 화물탱크

LNG선은 영하 162도의 화물을 싣는 배다. 따라서 특수한 화물탱크가 설치된다.

화물탱크의 내면은 영하 162도의 초저온 화물을 실을 수 있는 니켈 합금강, 스테인리스 스틸 혹은 알루미늄 합금으로 구성돼 있다. 화물탱크 주변에는 특수목재와 펄라이트, 폴리우레탄 폼, 유리섬유(fiber-glass) 등을 채워 넣는다. 펄라이트는 화산폭발로 생성된 진주암을 가루를 내서 팝콘같이 튀겨낸 소재로 현재 단열재로는 가장 경제적이다. 또 자연소재여서 세월이 흘러도 변화가 없다는 것이 장점이다.

화물탱크와 함께 LNG가 증발시키는 메탄가스를 처리하는 설비가 있는 점도 특이하다. 가스콤프레셔로 메탄가스를 뽑아내고, 이를 연소시켜 에너지로 사용하는 시스템이다.

(1) 슬로싱(sloshing)

LNG는 액체상태이고 비중이 물의 절반에 불과하다. 따라서 화물탱크를 크게 만든다. 작게 만들 수도 있지만, 경제성을 높이려면 큰 것이 좋다. 최근 표준선이 된 138,000톤급 LNG선의 경우 탱크길이가 44.8미터에 이른다. 일반 유조선 화물탱크의 2~3배 크기다.

탱크가 크다 보니 탱크 내의 LNG가 운항 중에 출렁거리면서 탱크에 충격을 주는 슬로싱(sloshing) 현상이 많이 발생한다.

슬로싱 현상은 주위에서 흔히 볼 수 있다. 이사할 때 간장독 안에 바가지를 뒤집어놓는 것도 슬로싱에 의한 충격을 줄이기 위한 지혜다. 바가지를 뒤집어놓으면 간장독이 흔들려도 간장이 거의 쏟아지지 않는다. 이는 유체(간장)가 움직일 수 있는 자유표면의 면적을 바가지가 줄였기 때문이다.

LNG선 탱크 내에서 발생하는 슬로싱도 간장독 안의 상황과 별반 다르지 않다. 다만 간장독처럼 바가지를 엎어놓을 수 없어, 탱

연구원들이 모형 탱크에서 슬로싱을 연구하고 있다.

크 윗부분 30퍼센트 정도는 다른 부분에 비해 더욱 튼튼하게 보강한다. LNG 탱크의 슬로싱은 공 모양의 탱크를 싣고 다니는 모스형보다 박스 모양의 멤브레인형에서 더욱 문제가 된다. 모스형은 슬로싱 충격이 이론적으로 계산이 가능한 데다, 화물창이 공 모양으로 둥글어서 충격이 크지 않다.

멤브레인형은 슬로싱으로 인한 화물창 충격을 이론적으로 계산하기 어려운 데다 사각형태여서 손상을 입을 가능성이 높다. 따라서 이론적인 해석과 실험을 병행해 슬로싱 충격을 최소화하고 있다. LNG선 대형화를 위해 해결해야 하는 난제 중 하나다.

(2) 단열 시스템

LNG선에서는 화물창을 초저온 상태로 유지하는 것이 가장 중요하다. 단열 시스템에 문제가 발생할 경우 큰 사고로 이어질 가능성이 높다.

　LNG선에 사용되는 대형 단열 시스템은 높은 신뢰도가 바탕이 되어야 하므로 국내 조선소들은 대부분 많은 비용을 지불하고 외국의 특허기술을 도입해 사용한다. 그러나 한국가스공사와 국내 조선소들이 이 단열 시스템을 국산화해 LNG선에 적용하려는 노력을 하고 있어, 머지않아 국산화가 가능할 것으로 전망된다.

　화물탱크는 단열재인 펄라이트를 넣은 단열 박스에 멤브레인을 붙여서 만든다. 펄라이트는 화산암(진주암) 가루를 튀겨 만든 제품으로 하얀 분말 상태이다. 습기를 흡수하지 않도록 각 입자마다 실리콘으로 코팅하는 것이 특징이다. 습기가 있으면 저온에서 얼어버리기 때문이다. 얼면 부피가 늘어나 구조적인 문제를 일으킨다.

　단열 박스는 오직 핀란드에서 생산되는 자작나무만을 이용해

멤브레인 제작 장면

▲ 카고 탱크 속 단열 박스 작업 장면

서 만든다. 다른 나무에 비해 단단하기 때문이다. 따라서 모두 수입을 한다. 이 나무는 치아 건강에 도움된다는 자일리톨 껌을 만드는 원료인 자일리톨 성분을 추출하는 데 사용되기도 한다. 또 원목 바닥재로도 인기가 높다.

탱크 안쪽에 쌓는 박스는 가로 115센티미터, 세로 99.9센티미터, 높이 23센티미터 크기다. 두 번째 벽을 형성하는 탱크 바깥쪽 박스는 가로 114센티미터, 세로 99.9센티미터, 높이 30센티미터로 조금 다르다. 화물창 안쪽 박스보다 바깥쪽 박스가 조금 크다. 보통 LNG선 1척에 이들 박스가 50,000개 넘게 들어간다.

단열 박스와 함께 배에서 보편적으로 사용하는 유리솜(glass wool)을 고급화한 소재도 사용된다. 이것도 펄라이트와 마찬가지로 수분이 있으면 안 되기 때문에 수분 흡수율을 2퍼센트 아래로 유지한다.

LNG와 직접 닿는 부분에는 36퍼센트 니켈 합금강으로 만든 인바라는 멤브레인을 사용한다. 인바는 온도가 1도 변하면 1미터당 0.0015밀리미터가 늘어난다. 거의 변화가 없다. 따라서 웬만한 온

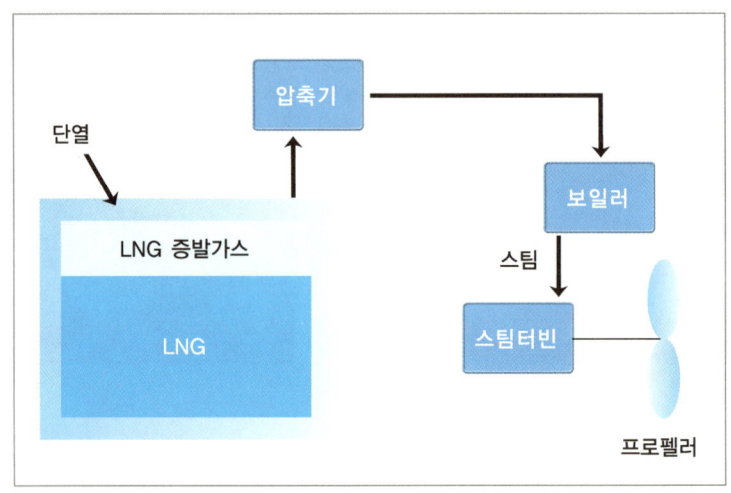

▶ 증발가스 발생 및 처리 개념

도변화에도 끄떡없이 버틸 수 있다. 특히 90도까지 굽혀도 균열이 일어나지 않아 탱크의 곡면부분을 만들기에 안성맞춤이다. 탱크는 구석 일부를 제외하고는 모두 자동용접으로 접합한다. 130,000톤급 LNG선에서 멤브레인 용접 길이는 약 125킬로미터에 이른다. 대부분 로봇을 이용한 자동용접이며, 탱크 구석부분 등 극히 일부만 사람이 직접 수동으로 용접한다.

(3) 기화가스(BOG)

용접 후에는 화물탱크가 완벽하게 밀폐됐는지를 검사하기 위해 헬륨 시험 등 5종류의 기밀시험을 실시한다. 완벽하게 밀폐되지 않아 LNG가 화물창 밖으로 흘러나오거나, 영하 162도 아래로 보냉이 안 되면 위험한 상황을 맞을 수 있기 때문에 여러 종류의 시험을 한다.

그러나 현실적으로 영하 162도보다 낮은 초저온 상태로 있는

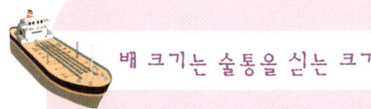
배 크기는 술통을 싣는 크기

자동차는 배기량으로, 배는 톤(TON)으로 크기를 나타낸다. 톤은 술통에서 유래됐다. 배의 운반력을 척도로 배 크기를 측정하는 방법은 오래 전부터 있었다. 배 크기가 정확해야 세금을 부과할 수 있었기 때문이다. 기록상으로는 14세기 영국에서 처음으로 시행됐다.

당시 영국은 포도주 운반선의 크기를 술통을 얼마나 싣는가로 정하고, 세금을 부과했다. 따라서 술통을 300개 싣는 배는 300톤, 500개를 싣는 배는 500톤이었다. 그러나 당시는 술통 크기가 제각각이라 술통 숫자가 배 크기를 정확하게 반영하지 못했다.

현재와 같은 톤 개념이 정해진 것은 15세기부터다. 이때부터 술통은 무게 2,240파운드, 부피 40입방인치로 통일했다. 현재 사용하는 1톤 무게와 부피가 거의 같다. 지금 세계가 사용하는 배 크기 측량규칙은 영국 법규를 대부분 그대로 따른 것이다.

현재 배에 사용되는 톤수는 여러 가지다. 짐의 무게인 재화중량톤(DWT ; Deadweight Tonnage)과 짐의 부피를 기준으로 하는 총톤(GT ; Gross Tonnage)이 가장 많이 사용된다. 군함은 배의 수면 아래 부피와 동일한 물의 중량을 나타내는 배수량톤(DISPT ; Displacement Tonnage)을 쓴다. 이 총톤에서 선원실·해도실 등 선박운항에 이용되는 부분을 제외한 순톤(NT ; Net Tonnage)과 표준화물선으로 환산한 환산톤(CGT ; Compensated Gross Tonnage) 등이 있다. 이같이 사용 톤수가 다르면 배의 종류에 따라 같은 톤수라도 크기는 완전히 다르다.

LNG를 완벽하게 열 차단하는 것은 불가능하다. 따라서 화물탱크 내에서 LNG는 조금씩 기화한다. LNG선에서는 이를 BOG(Boil-off Gas, 기화가스)라고 부른다. 또 하루에 LNG에서 메탄가스가 기화되는 양은 BOR(Boil-off Rate)로 표시한다. 현재 건조 중인 대부분의 LNG선은 BOR이 0.15 수준이다. 전체량에서 하루에 기화되는 양이 0.15퍼센트라는 의미다. 이 기화된 메탄가스는 버리지 않고 배를 움직이는 에너지로 사용한다.

메탄가스로 물을 끓이고 거기서 나오는 증기 힘으로 엔진을 돌린다. 스팀터빈엔진이다. 물론 이것만으로 목적지로 항해할 수는 없다. 그래서 중유도 함께 사용한다. 배마다 차이가 있지만, 절반 정도씩 사용한다고 보면 된다. 구식 엔진을 최첨단 선박인 LNG선에서 사용할 수밖에 없는 것이 아이러니하다.

다른 종류의 대형선박들은 1970년대 이전까지 스팀터빈엔진을 사용했으나, 요즘은 디젤엔진만을 사용한다. 스팀터빈엔진은 한마디로 구식이다. 여러 장점에도 불구하고 열효율이 낮아 시장에서 퇴출된 엔진이다. 스팀터빈엔진을 사용하는 선박이 없다 보니, 스팀터빈엔진을 제작하는 회사들도 대부분 문을 닫았다.

그러나 일본의 미쓰비시와 가와사키는 세계 조선시장에서 LNG선 발주가 늘어나면서 스팀엔진 사업부문이 호황을 구가하고 있다.

LNG선은 스팀터빈엔진이 없으면 자연적으로 발생하는 가스를 버려야 한다. 통상 실어 나르는 LNG의 0.15퍼센트가 하루에 기화한다고 볼 때 운송기간을 15일로 감안하면 2퍼센트 이상을 하늘로 날려버려야 한다. 적은 양이 아니다.

스팀터빈엔진이 비효율적이지만, 아직은 기화되는 천연가스를 마땅히 경제적으로 처리할 방안을 찾지 못하고 있다.

LNG선 자동화 설비

LNG선은 화물 자체가 극저온인 데다, 폭발위험이 있어 어떤 배보다 정밀한 자동화 설비가 요구된다. 또 선교(Bridge) 당직자를 제외하고는 무인으로 운전되는 경우가 많아, 특별한 주의와 설계가 필요하다. 대부분의 운전은 중앙제어실의 컴퓨터를 통해 이루어진다.

자동화시스템은 기관실, 화물, 항해 시스템으로 구분된다. 기관실 시스템은 보일러, 터빈, 발전기를 비롯해 기관실 내 모든 장비를 효율적으로 제어하고 감시한다. LNG선은 다른 선박과 달리 보일러와 스팀터빈이 사용되기 때문에 더욱 많은 장치들이 소요되고, 이들 모든 장비들은 유기적으로 작동되어야 한다. 예를 들면, 화물창 내부의 압력을 일정하게 유지하고 보일러의 연료를 유기적으로 연결하는 가스제어장치는 보일러, 압축기, 추진기 등 선박의 여러 장비와 긴밀하게 연계해 작동된다.

화물시스템에는 화물펌프, 밸브, 압축기, 기화기, 단열장치, 제어 등이 포함된다. 특히 이 부분은 대부분 위험지역에 위치하므로 모든 전기·계장 제품이 방폭이거나 본질 안정형이어야 한다. 각종 온도나 압력뿐만 아니라 단열장치 내부에 온도와 압력 감지장치가 있어 항상 가스누출 여부를 체크하게 된다.

항해 시스템은 일반 선박과 크게 다르지 않다. 레이더, 전자해도, 자동항해장치가 유기적으로 결합되어 있다. 통상 자동항법장치에 의해 운항된다. 이와 함께 일반 선박과 마찬가지로 가스·화재 탐지기, 방화설비 등이 준비되어 있다.

다만 LNG선은 통상적인 감시제어 시스템과 함께 비상시 위험상황을 벗어날 수 있는 비상정지장치(Emergency Shutdown)가 있는 것이 특징이다. 이는 LNG 생산 및 인수 기지와 서로 연결돼 어느 한쪽에서 비상사태가 발생하면 상호 유기적으로 작동해 사고를 미연에 방지할 수 있도록 하는 것이다.

이 같은 여러 자동화시스템을 효율적으로 제어하기 위해 통합자동화시스템이 사용된다. 이 통합자동화시스템은 자동화 장비 자체의 설계나 적용에 한정되지 않고, LNG선 전체의 운전과 안전에 직접적인 영향을 미친다.

국내에서는 1990년대 중반까지만 해도 이 기술을 대부분 해외에 의존했으나, 이제는 완전히 국산기술로 대체했다. 통합자동화시스템에 대한 기술을 갖추지 못하면 LNG선을 건조할 때 비싼 장비를 도입해야 하는 것은 물론, 시운전 등 모든 건조 과정에서 장비공급사의 기술에 의존해야 한다. 국내 조선소들이 이로 인해 선박의 인도일정에 영향을 받기도 했다.

따라서 통합자동화시스템 기술을 국산화했다는 것은 단순히 도입장비의 가격을 낮추었다는 의미보다는 국내 조선소들이 LNG선 건조시장에서 실질적인 주도권을 확보했다는 차원에서 더욱 뜻이 깊다.

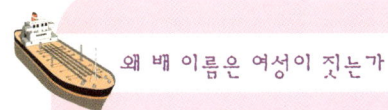
왜 배 이름은 여성이 짓는가

여기에는 바이킹 설과 조지 3세설 두 가지가 있다.

바이킹족은 거친 풍랑을 헤치며 바다를 무대로 살았던 해상민족으로 바다에 대한 미신적 믿음이 강했다. 그들은 진수(예전에는 진수와 명명을 동시에 하는 경우가 많았음) 때 배가 물로 들어가는 통로에 노예나 죄수들을 몰아넣고 희생시켰다. 노예나 죄수가 없을 때는 가축을 대신 사용하기도 했다. 또 그 의식의 일부로 신에게 정결한 처녀를 제물로 바쳤다. 중국과 무역을 하던 장사꾼들이 심청이를 인당수에 제물로 바친 것과 같다.

그러나 세월이 흐르면서 인도주의 차원에서 처녀를 제물로 바치던 의식과 노예나 죄수를 희생시키던 풍습은 없어졌다. 대신 명명 및 진수식은 선주의 부인이나 딸이 포도주나 샴페인 병을 깨고 테이프를 도끼로 끊는 행사로 변했다.

조지 3세설은 19세기 영국의 왕 조지 3세로부터 시작됐다는 설이다. 조지 3세는 지나칠 정도로 검소했다. 특히 그는 가정적인 사람으로 자신의 딸들을 무척 사랑했다. 그는 왕실 재정을 축내지 않으면서 공주들의 이미지를 국민들의 마음속에 심는 방법을 궁리하던 끝에 공주들로 하여금 해군 전함의 이름을 붙이게 한다는 착상을 했다.

1811년 그 딸 중 하나가 여성으로는 최초로 배 이름을 명명했다. 이전에는 대개 특별한 절차 없이 배를 진수시킨 뒤 배에 탑승할 장교 중 하나가 명명하는 것이 관례였다. 이후 여성이 배 이름을 짓는 관습이 지금까지 이어져 내려오고 있다.

LNG선 완성, 명명식

사람이 태어나면 이름을 갖듯이 배도 자기만의 고유한 이름을 갖는다. 조선소에서 배를 건조한 뒤 선주에게 인도하기 전에 배의 이름을 짓는 명명식을 한다. 배 이름은 여성이 짓는데, 대개 선주의 부인이나 딸이 명명을 한다. 선주 측 여성이 나와서 이름을 붙이는 것이 관례로 되어 있기 때문이다. 그러나 남성들의 권위가 강한 중동국가에서는 아직 여성이 배 이름을 짓는 경우는 별로 없다. 대부분 선주의 아들이 한다. 하지만 이는 극히 예외적이다. 배 이름을 짓는 것은 여전히 여성들만의 특권이다.

우리나라에서도 역대 대통령 영부인들이 명명식을 했다. 박정희 대통령 영부인 육영수 씨와 전두환 대통령의 영부인 이순자 씨, 노태우 대통령 영부인 김옥숙 씨, 김영삼 대통령 영부인 손명순 씨, 김대중 대통령 영부인 이희호 씨 등이 모두 명명자로 나섰다.

초대 대통령인 이승만 대통령 영부인 프란체스카는 당시 국내 조선산업이 미미해 명명할 기회를 얻지 못했다. 노무현 대통령 영부인 권양숙 여사는 아직 명명식에 나서지 않고 있다.

LNG선의 명명식도 일반 배와 큰 차이가 없다. 다만 일반 배는 대부분 선주 측 여성이 명명하는 반면, LNG선은 프로젝트로 발주된 경우가 많아 화주를 비롯해 다양한 계층에서 명명하는 것이 특징이다.

국내에서 발주된 LNG선들도 화주인 가스공사 사장 부인이 명명을 가장 많이 했다. LNG 프로젝트를 가스공사에서 주관하기 때

▲ 엑스칼리버 호 명명식
배에서 폭죽이 날아오르고 있다.

문이다. 선주 측에서 명명한 것은 국적 LNG선 17척 가운데 3척뿐이다.

국적 LNG선의 최다 명명자는 한갑수 가스공사 사장 부인 김경심 씨다. 김씨는 4호선 현대 그린피아 호를 시작으로 17호선 K. 프리지아 호까지 무려 5척을 명명했다. 한갑수 사장 후임인 김명규 사장 부인 정경숙 씨도 16호선 SK 스텔라 호를 명명했다. 후임인 김명규 사장 부인이 16호선을 명명하고 전임인 한갑수 사장 부인이 이보다 늦은 17호선을 명명한 것은 17호선의 선박건조 속도가 16호선보다 빨랐기 때문이다.

이들 가스공사 사장 부인들이 명명한 LNG선은 모두 6척에 달한다. 이처럼 가스공사 사장 부인들이 명명을 많이 한 것은 해운회사와 조선소들이 화주인 가스공사에 잘 보이기 위한 노력도 작

▶ 명명식 전 테이프 끊기
명명자가 도끼로 테이프를 끊는 것이 일반적이다.

용했지만, 그보다는 대그룹들 간 치열한 다툼을 벌인 선박의 명명식에 유력인사들이 나오기를 꺼렸기 때문이다. 현실적으로 구설수에 오르는 것을 감수하면서 명명식 스폰서로 나설 인사들이 많지 않았다. 13호선인 한진해운의 한진 수르 호가 명명식을 하지 않은 것도 마땅한 명명자를 구할 수 없었기 때문이다.

명명·진수에 얽힌 웃지 못할 이야기들이 우리나라에도 종종 전해오고 있다. 그 중 1980년대 초 국내 모 조선소에서 있었던 실화 한 토막을 소개한다.

이 조선소가 선박을 납기 내에 잘 건조하자, 선주가 답례로 조선소 측에 명명할 여성을 구해줄 것을 요청했다. 선박에서 무엇보다 중요한 의식인 명명식을 조선소 측에 넘긴다는 것은 선주가 할 수 있는 최대한의 보답이다. 요즘도 가끔 이런 경우가 있다.

조선소 측에서는 여성 직원들을 대상으로 희망자를 모집했다. 배 이름을 짓는다는 것은 평생 한번 있기 힘든 영예로운 것이어서 지원자가 몰렸다. 조선소에서는 그 중에서 평소 행실이 바르다고 소문이 자자했던 한 명을 선발했다. 선주 측에서 자타가 공인하는 '진짜 처녀'여야 한다는 조건을 내걸었기 때문이다.

명명식은 무사히 끝났다. 그러나 이 배는 선주에게 인도된 뒤 3개월도 안돼 남해바다에 침몰하고 말았다. 그 배를 명명했던 여성의 순결문제가 자연히 도마 위에 올랐다. 순수한 처녀가 아니어서 배가 사고가 났다는 소문이 돌았다.

그 여성이 '진짜 처녀'였는지, 아닌지는 중요하지 않았다. 다만 주위의 수군거림이 그녀를 불명예스러운 상황으로 몰고 갔다. 결국 그 여성은 자신의 결백과 관계없이 명명식 한번 하고 멀쩡하게 다니던 회사를 그만둘 수밖에 없었다. 예전에 처녀를 제물로 바치던 것과는 다르지만, 명명식의 희생자가 됐다는 점에서는 크게 다를 바 없었다.

이 밖에도 명명식에서 색종이를 담은 공이 터지지 않거나, 샴페인 병이 깨지지 않아 행사 진행자들이 당황하는 경우가 종종 생긴다.

예전에 대우조선에서도 비슷한 일이 있었다. 명명한 여성이 샴페인 병을 던졌으나, 병이 깨지지 않았다. 모두들 웃으면서 정말 좋은 배는 한 번에 샴페인 병이 깨지지 않는다는 농담을 주고받았다. 그러나 두 번째 시도에서도 마찬가지. 분위기가 조금 굳어졌다. 세 번, 네 번 계속해서 던져도 병은 그대로. 이쯤 되면 병을 던지는 여성은 두말할 것도 없지만, 행사를 주최하는 조선소 측 관계자들도 얼굴이 사색이 됐을 것이 뻔하다. 다섯 번째 시도에서 병이 깨지기는 했지만, 이미 분위기는 썰렁했다고 전해진다.

표4 한국가스공사 국적 LNG선 프로젝트 명명 현황

호선	해운회사	건조사	선명	명명자	취항일자
1	현대상선	현대중공업	현대 유토피아	김정수 상공부 장관 부인 한유순	1994.6
2	SK해운	현대중공업	YK소브린	손길승 유공해운 사장 부인 박연신	1994.12
3	한진해운	한진중공업	한진 평택	조중훈 한진그룹 회장 부인 김정일	1995.9
4	현대상선	현대중공업	현대 그린피아	가스공사 한갑수 사장 부인 김경심	1996.12
5	SK해운	대우중공업	SK시미트	김대중 대통령 영부인 이희호	1999.8
6	현대상선	현대중공업	현대 테크노피아	김종필 국무총리 부인 박영옥	1999.7
7	한진해운	한진중공업	한진 무스카트	가스공사 한갑수 사장 부인 김경심	1999.7
8	SK해운	삼성중공업	SK수프림	가스공사 한갑수 사장 부인 김경심	2000.1
9	현대상선	현대중공업	현대 코스모피아	가스공사 한갑수 사장 부인 김경심	2000.1
10	대한해운	대우중공업	K.아카시아	박태준 국무총리 부인 장옥자	2000.1
11	현대상선	현대중공업	현대 아쿠아피아	해양수산부 이항규 장관 부인 이영우	2000.3
12	SK해운	삼성중공업	SK스플렌디	손길승 유공해운 사장 부인 박연신	2000.3
13	한진해운	한진중공업	한진 수르	명명식 없음	2000.1
14	현대상선	현대중공업	현대 오션피아	홍순용 해양수산부 차관 부인 황혜란	2000.7
15	한진해운	한진중공업	한진 라스라판	국회 농림해양수산 위원장 함석재 의원 부인 운혜선	2000.9
16	SK해운	삼성중공업	SK스텔라	가스공사 김명규 사장 부인 정경숙	2000.12
17	대한해운	대우중공업	K.프리지아	가스공사 한갑수 사장 부인 김경심	2000.6

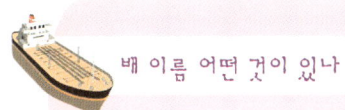
배 이름 어떤 것이 있나

　해운회사에 따라 꽃 이름에서 여자, 도시, 항구, 신의 이름에 이르기까지 다양하다.

　대한해운이나 일본 저팬라인은 자스민, 무궁화, 베고니아, 군자란, 아카시아, 사프란, 로터스 등과 같이 꽃 이름이 많다.

　한진해운은 조중훈 회장의 호를 딴 1호선 정석호를 제외하면, 뉴욕, 평택, 함부르크, 런던, 베를린 등 기항하는 항구나 각국 수도 이름으로 많이 지었다. SK 해운은 도전적인 리더, 챌린저, 파이어니어 등의 이름이 많다.

　현대상선은 1호선부터 23호선까지는 숫자로 지었다. 현대 1호, 현대 2호 식이다. 이후 선종별로 광탄선은 웅장한 자이언트 · 코스모스 · 아틀라스 등으로, 자동차선은 레전드 · 프라이드 등으로, LNG선은 환경친화적인 유토피아 · 그린피아 등으로 지었다. 컨테이너선은 항로에 맞춰 미주항로의 경우 인디펜던스 · 리버티 · 디스커버리 · 프리덤 등으로 지었다.

　스웨덴의 왈레니우스 사는 오페라 명으로 배 이름을 지어 '오페라 선단'으로 불린다. 아이다, 티투스, 카르멘, 돈 주앙 등이다. 미국의 APL은 역대 대통령인 워싱턴, 루스벨트 등으로 지었다. 그리스의 아르고나우트 사는 그리스 신화에 나오는 등장인물 이름을 딴 팔라스, 다프네 등의 배를 갖고 있다. 루비나 사파이어 같은 보석 이름과, 벌이나 딱정벌레 등 벌레 이름도 있다.

　하지만 배 이름에 시(Sea, 바다)라는 단어는 가급적 사용하지 않는다. 사람도 성씨에 하늘 천(天)자나 땅 지(地)자를 사용하지 않는 것과 마찬가지다. 특히 1995년 우리나라 기름 유출 사고로는 최대로 기록된 시 프린스(Sea Prince, 바다의 왕자) 호와 영국 북해에서 좌초한 시 엠프레스(Sea Empress, 바다의 여제) 호 사고 이후 더욱 'Sea'를 쓰지 않는다.

LNG선의 종류

LNG선은 화물창을 어떤 형식으로 만드느냐에 따라 여러 종류로 나뉜다. 크게 독립된 탱크를 갖춘 타입과 배 안에 특수한 멤브레인 화물창을 만든 타입으로 분류된다. 독립 탱크 타입은 다시 모스(MOSS)형과 S.P.B.형, 멤브레인 타입은 가즈트랜스포트(Gaz Transport ; GT)형과 테크니가즈(Technigaz ; TGZ)형으로 구분된다.

독립 탱크형은 화물탱크와 이를 지지하는 부분, 배 몸체인 선각이 서로 독립적이다. 탱크 자체만으로도 충분한 강도를 갖고 있어 외부충격에 강하다. 따라서 충돌과 좌초로 인한 손상 확률이 다른 형태보다 낮다. 구조용 재질은 AL 5083-0, 9퍼센트 니켈강이 쓰인다. 2차 방벽도 1차 방벽(탱크 구조재)과 같은 재료를 사용한다.

멤브레인형은 독립 탱크형과 달리 화물탱크는 하중을 받지 않고 단순히 화물을 담는 역할만 한다. 따라서 하중은 선각구조가 맡게 된다. 화물창 안쪽에 보온재 및 얇은 금속막인 멤브레인을 부착해 두 겹으로 만드는 이중구조 형태를 갖추고 있다. 독립 탱크형에 비해 가격이 싸고, 입맛에 맞게 설계할 수 있는 것이 장점이다.

LNG선은 1990년대 중반까지만 해도 모스형이 세계적인 추세를 형성하다가, 현재는 GT형이 주류를 이루고 있다. 국내로 LNG를 수송하는 17척의 선박은 모스형 7척, GT형 7척, TGZ형 3척으로 구성돼 있다.

▲ 모스형 LNG선

(1) 모스(Moss)형

모스형은 알루미늄 합금으로 제작된 독립된 공 모양의 탱크에 LNG를 실어 나르는 배다. 노르웨이의 크베너 모스 테크놀러지 사가 특허권을 갖고 있으며, 일본 조선소들이 주로 건조하고 있다. 현재 이 배를 건조 중이거나 건조 가능한 조선소는 우리나라 현대중공업과 일본 미쓰비시·가와사키·미쓰이, 핀란드 마사 조선소 등이다.

(2) S.P.B.형

S.P.B.형은 독립된 탱크를 갖추고 있는 점에서 모스형과 비슷하다. 그러나 모스형은 탱크가 갑판 위로 둥그렇게 올라온 형태인데 반해 S.P.B.형은 선체 내에 팔각형 모양의 알루미늄합금으로 제작된 독립탱크를 갖고 있다. 일본 IHI조선소가 특허권을 보유하고 있으며, 지금까지 건조된 배도 이 조선소가 1993년에 건조

GT형 LNG선 대우가 건조해 노르웨이 베르게센 사에 인도한 버지 보스톤 호

한 87,500톤급 2척밖에 없다. 건조 가능한 조선소는 IHI와 스미토모 조선소 정도다.

(3) 가즈트랜스포트(GT)형

GT형은 별도의 독립된 화물탱크가 없다. 화물탱크 내부에 이중으로 단열 박스를 설치하고 니켈 합금으로 된 얇은 판을 멤브레인으로 사용하는 것이 특징이다. 현재 세계 LNG 시장에서 가장 많이 건조되는 타입이다. 대우조선과 한진중공업, 미쓰비시와 미쓰이, 프랑스 아틀랜틱 조선소, 이탈리아 핀칸티에리 조선소 등이 건조능력을 갖고 있다.

뱃길

뱃길은 있다고도, 없다고도 말할 수 있다. 보통 안전과 경제성 측면에서 대략적인 항로를 결정하며, 2등 항해사가 출항 시 기상조건이나 항로상태 등을 감안해 항로를 설정한다. 항로를 결정한 뒤 자동운항장치에 예상항로를 입력시키면 배는 자동으로 운항된다.

그러나 좁은 해역을 통과할 때는 반드시 정해진 길따라 가야 한다. LNG 인수기지가 있는 통영 아래 위치한 남해안 바닷길에는 2003년 7월 17일 국내에서 처음으로 중앙분리선이 설치됐다. LNG선만 보호하기 위한 것은 아니지만, 이곳이 전국 선박충돌 사고의 25퍼센트를 차지할 정도로 사고다발 해역이라서 만일의 사고를 대비한다는 차원에서 이루어진 조처였다. 전남 완도~노화도~생일도를 연결하는 총연장 65킬로미터 수로에 상·하행선을 구분하는 중앙선을 통항 분리용 항로표지 부표 12개로써 설치해 밤낮으로 불을 밝혀 선박 충돌 및 항로 이탈을 막고 있다. 부표는 높이 3미터, 직경 2.5미터 크기다.

배 크기에 따라 다르지만, 대형선 두 척이 전속력으로 항해하다가 두 척 간의 거리가 3마일(약 5.5킬로미터) 안으로 좁혀지면 위험하다고 볼 수 있다. 특히 그 간격이 1마일(약 1.8킬로미터) 내로 좁혀지면, 이미 충돌은 피할 수 없다. 여기서 서로 반대방향으로 방향타를 돌려도 관성 때문에 충돌할 수밖에 없다. 이들 사이를 흐르는 물의 속력이 빨라지면서 압력이 상대적으로 낮아져 양쪽 배를 더욱 가까이 끌어당기기 때문이다. 육상에서 1마일은 결코 가까운 거리가 아니지만, 보통 대형선의 크기는 300미터가 넘으므로 배 길이의 5~6배에 불과한 근접거리다.

(4) 테크니가즈(TGZ)형

TGZ형은 GT형과 비슷한 타입이다. 팔각형으로 된 선체의 화물탱크 내에 단열 패널과 스테인리스로 된 멤브레인을 사용하는 것이 특징이다. 현재 삼성중공업과 일본 NKK와 히다치, 프랑스 아틀랜틱 조선소가 건조능력을 갖추고 있다.

2부 LNG선의 역사

3

Liquefied Natural Gas Ship

배의 역사

인류는 처음에는 물을 건널 때 물에 뜨는 나무토막 등을 이용했을 것이다. 그러다 점차 통나무나 갈대, 대나무 등을 엮은 뗏목과 구부러진 나뭇가지에 동물 가죽을 입힌 가죽배를 만들어냈을 것이다.

이집트 나일강에서는 지금도 파피루스라는 굵은 갈대로 엮은 배를 볼 수 있다. 이 배는 갈대를 엮는 방법을 달리해 여러 형태로 만들 수 있으며, 배 안으로 물이 스며들어도 가라앉지 않는 특성을 갖고 있다. 고대 이집트인들은 이 배를 타고 대서양까지 진출했다.

동물 가죽으로 만든 바람통배는 고대문명이 개화한 티그리스 강과 유프라테스 강이 교차하는 지금의 이라크와 시리아 지방에서 일찍부터 사용됐다. 또 극지에 사는 에스키모 인들도 동물 가죽으로 카약이나 유미아크라는 가벼운 배를 만들었으며, 미국과 캐나다 원주민인 인디언들은 얼마 전까지도 가죽으로 카누를 만들어 사용했다. 중국에서도 양가죽으로 만든 부낭(浮囊)이라는 바람통배를 만들었다. 인도에서는 토기를 여러 개 묶어서 단지배를 만들었으며, 중국 남부지방이나 대만·동남아 각지에는 대나무로 만든 떼배가 널리 보급됐다. 우리나라 제주도 지방에서도 태우라고 불리는 연안용 떼배가 사용됐다. 이처럼 배는 그 나라의 기후나 풍토상 얻기 쉬운 재료를 가지고 만들어졌다.

석기시대와 청동기시대에 이르러 통나무 내부를 파내 배를 만들고, 그 다음에는 목재를 다듬어 구조선을 만들게 된다. 현존하는 배의 유물 가운데 구조선 형태를 갖춘 가장 오래된 것은 미국의 메트로폴리탄 박물관에 소장된 기원전 2000년께 만들어진 고대 이집트선의 모형으로 길이는 80센티미터 가량이다.

추진장치로 노와 돛을 사용하면서 배는 획기적으로 발전한다. 기원전 3000년 무렵 이집트에서는 20여 개의 노와 돛을 단 구조선을 이미 개발해 사용했다. 로마와 페니키아, 그리스 등 여러 나라도 기원전에 노와 돛을 단 큰 배를 건조했다.

13세기 무렵부터는 노를 전혀 사용하지 않고 바람의 힘만으로 움직이는 범선이 나타났다. 인간의 힘을 이용하지 않고 자연의 힘만으로 배를 움직이게 한다는 점에서 큰 변화였다. 범선은 15~16세기 대항해 시대를 열면서 신대륙을 발견하는 데 결정적인 역할을 한다.

18세기 증기기관 발명 이후인 19세기 초, 동력을 이용한 배가 처음으로 등장했으며, 프로펠러 철선시대가 열렸다. 돛을 이용해 바람의 힘으로 가는 배는 크기에 한계가 있었다. 그러나 증기기관과 강재·철재 배가 등장하고 이를 추진하는 프로펠러가 개발되면서 배의 대형화 시대가 열린다.

철선은 기선과 거의 비슷한 시기에 출현했다. 1783년 영국의 헨리 코트가 제시한 새로운 제철법이 철선 등장의 밑거름이 됐다. 19세기 말로 들어서면서 철선은 계속 늘어나고 배 크기와 성능도 향상된다. 특히 대서양을 횡단한 그레이트 이스턴(Great Eastern) 호의 출현은 대형 철선 건조를 촉진한다. 이 배는 길이 97미터, 너비 15미터로, 4,000명을 싣고 15노트로 달렸다.

1858년 베세머(Bessemer)에 의해 제강법이 발달하면서, 철보다 우수한 강철이 나온다. 강철선은 1862년 325톤급 반시(Banshee) 호를 시작으로 1879년 1,777톤급 로토마하나(Rotomahana) 호가 계보를 잇고 있다. 모두 강선시대를 연 주역들이다.

20세기는 배가 혁명적으로 발전한 시기였다. 두 차례에 걸친 세계대전으로 군함이 급속히 발전했으며, 전후 군함건조 기술이 상선으로 이전됐다. 배를 여러 개의 블록으로 나누어서 만드는 블록건조 등 건조공법이 획기적으로 발전해 예전보다 큰 배를 아주 짧은 시일 안에 만들게 되었다. 배 종류도 세분화돼 화물의 종류에 맞게 효율성을 갖추었다.

20세기는 또 '배는 부력을 이용해 물에 뜨는 것'이라는 기본개념이 무너진 시기였다. 배가 물을 떠날 수는 없지만, 달리는 과정에서 물의 저항을 최소로 줄이기 위해 물과 접촉하는 면을 줄이려는 노력이 계속됐다. 대표적인 것이 '나는 배'인 위그선이다.

이 배는 1965년 구(舊)소련에서 군사용으로 처음 개발했다. 1976년 미국 스파이 위성은 소련 카스피 해에서 물 위에 약간 뜬 채로 시속 550킬로미터로 움직이는 괴물체를 발견했다. 당시 과학기술로는 배가 그렇게 빠르게 달릴 수 없었기 때문에 미국에서는 이를 '바다괴물(Sea Monster)'라고 불렀다. 이 바다괴물은 1991년 러시아가 군수기술 민수화 정책의 일환으로 일반에 공개하면서 그 모습을 드러냈다.

위그선과 함께 미래형 배로 불리는 것이 초전도선이다. 이 배는 물에 전류를 흘려 추진력을 얻는다. 프로펠러가 아닌 초전도 전자석의 힘으로 움직이는 것이 특징이다. 초전도란 전기저항이 전혀 없어 영원히 흐르는 전류라고 생각하면 된다.

추진원리는 프로펠러가 필요 없는 워터제트 방식이다. 따라서 진동과 소음이 없다. 이는 여객선으로 활용할 때 그 가치가 크다는 것을 의미한다. 또 전함으로 만들 경우 소리 없이 적에게 접근할 수 있다. 전함이 소리를 내지 않는다는 것은 승패의 결정적인 요소로 작용한다.

무엇보다 초전도선은 그동안 프로펠러선이 안고 있던 속도의 한계를 뛰어넘을 수 있다. 프로펠러선은 프로펠러가 돌면서 주위의 물을 잘라 뒤로 밀어내는 반작용으로 배가 앞으로 나가기 때문에 프로펠러가 빨리 돌면 속도도 빨라진다. 그러나 프로펠러가 너무 빨리 돌면 주위의 물이 따라서 돌지 못하면서 프로펠러 주위가 가진공 상태가 되는— 주위의 물이 수증기압보다 낮아져서 수증기가 발생하는— 이른바 캐비테이션(공동화) 현상이 발생한다. 따라서 프로펠러선의 속도 한계는 50노트(시속 약 90킬로미터)로 보고 있다. 초전도선은 100노트(시속 약 180킬로미터) 이상이다.

위그선이나 초전도선이 만들어지면 18세기 바람에 의지하던 범선시대를 끝내고, 200여 년간 바다를 제패해 왔던 프로펠러선

초전도 현상

텔레비전이나 에어컨, 냉장고 등 가전제품을 사용하면 제품에서 열이 난다. 전기제품을 작동하는 데 필요한 전기에너지의 일부가 열에너지로 바뀌었기 때문이다. 이는 전하를 운반하는 자유전자가 도체(전기가 잘 통하는 물체) 내에서 불순물 등과 부딪치면서 열을 내기 때문이다. 전기에너지가 열에너지로 바뀌면서 에너지 손실이 일어나는 것이다.

1911년 네덜란드 물리학자 카메를링 오네스 박사는 도체를 냉각시켜 절대온도(영하 섭씨 273도)에 이르게 하면 도체 내 이온들의 진동 폭이 크게 줄어 저항이 거의 없어질 것으로 예상하고 극저온에서 저항 실험을 했다.

오네스는 마침내 영하 269도 근처에서 금속수은의 저항이 사라지는 것을 확인했다. 전기저항이 없어 전류가 손실 없이 흐르는 초전도 현상을 처음으로 발견한 것이다. 오네스는 수은의 초전도 현상을 밝힌 공로로 1913년 노벨상을 수상했다.

도 역사 속으로 사라지게 될 것이다. 그러나 위그선은 호수나 하천 등에서만 다닐 수 있고, 초전도선은 바다에서만 움직일 수 있다. 위그선은 파도가 높으면 뜰 수가 없고, 초전도선은 바닷물 속 자장을 이용한 전류를 흘려 추진력을 얻기 때문이다.

4 LNG선의 역사

세계 최초의 LNG선은 메탄 파이어니아(METHANE PIONEER) 호다. 45년 전인 1959년 미국 앨라바(ALABA D.O.) 조선소에서 건조됐다. 이 배는 콘치(CONCH)형 5,000톤급으로 미국 샤를(CHARLES) 호(湖)에서 영국 캔베이(CANVEY) 섬까지 운항했다. 총 운항 횟수는 7번에 그쳤지만, LNG선 시대를 열었다는 큰 의미를 갖고 있다.

최초의 상업 LNG선은 1964년 영국 빅커스(VICKERS) 조선소가 건조한 콘치형 27,400톤급 메탄 프린세스(METHANE PRINCESS) 호다. 알제리 아르제(ARZEW) 항에서 영국 캔베이 섬으로 운항했다. 이 배는 40년이 지난 지금도 알제리 및 리비아에서 LNG를 스페인으로 나르고 있다.

1965년에는 웜(WORMS)형 25,800톤급 LNG선이 아르제 항에서 프랑스 르 아브르(LE HAVRE)에 취항했으며, 1969년에는 에소(ESSO) 타입 40,000톤급 LNG선이 리비아에서 이탈리아와 스페인으로 LNG를 실어 날랐다.

1970년대 들어 현재 세계 LNG선 시장의 주력인 테크니가즈형, 모스형, 가즈트랜스포트형이 등장했다. 이들은 모두 유럽 조선소들이 개발했다. 유럽 조선소들은 1980년대 초반까지만 해도 LNG 선형을 개발한 기술력을 앞세워 LNG선 시장을 독점했다.

그러나 1981년 일본조선소가 모스 타입 127,000톤급 LNG선을 건조하고, 일본이 세계 최대 LNG 수입국으로 떠오른 1983년부터는 미쓰비시 등 일본 3대 조선소가 세계 LNG 시장을 주도했다.

한국조선은 미국보다 35년, 유럽보다 30년, 일본보다 13년 늦은 1994년에 비로소 현대중공업이 모스 타입 125,000톤급 LNG선을 만들면서 LNG시장에 발을 디뎠다. 특히 현대중공업이 1999년 모스형 LNG선을 나이지리아 보니가스 트랜스포트 사로부터 수주하고, 대우조선이 2000년에 멤브레인형 LNG선을 벨기에 엑스마로부터 수주하면서 세계 LNG 시장 전면에 나서게 됐다.

이후 현대중공업과 대우조선, 삼성중공업, 한진중공업 등 빅 4 조선소들이 일본조선소를 제치고 LNG선 시장에서 독보적인 입지를 구축하며, 한국 LNG선을 월드베스트 상품으로 만들었다. 특히 대우조선은 2000년 이후 발주된 세계 LNG선의 30퍼센트를 수주하면서 세계 최고의 LNG선 조선소로 자리잡았다. 삼성중공업은 2003년에 LNG선 시장에서 두각을 나타내면서 대우조선과 경쟁체제를 구축했다. 세계 LNG선 시장의 주도권은 미국에서 유럽과 일본을 거쳐 한국으로 넘어왔다. 이는 시차는 있지만, 세계 조선시장의 주도권이 움직인 루트와 똑같다. 결국, 일반선박 경쟁력이 LNG선 시장의 경쟁력으로 이어졌다고 볼 수 있다.

5
Liquefied Natural Gas Ship

월드 베스트가 되기까지

미미한 시작과 LNG선 수주 경쟁

한국조선은 세계 조선시장에서 후발주자다. 그러나 이제는 세계 조선시장에서 경쟁상대가 없다. 특정 몇 개 선종에 한국조선소가 입찰한다는 소문이 나면 다른 나라 조선소들은 지레 입찰을 포기하기도 한다. 유럽과 일본 등 세계 조선선진국들은 한국 조선소들이 세계시장을 독식한다고 볼멘소리를 한다.

한국조선소들은 어떻게 세계 최고의 경쟁력을 확보할 수 있었을까. 그리고 고도의 기술력이 필요한 LNG선 시장에서 어떻게 월드 베스트 상품을 만들어낼 수 있었을까.

조선은 복합 조립산업인 만큼 수많은 요소가 결합돼 배 한 척을 만든다. 따라서 배를 만드는 경쟁력도 다양한 요소가 어울려 결정된다.

우선 최신 장비가 있어야 한다. 또 그것을 운용할 우수한 인력이 필요하다. 자본과 경험, 선주들과의 관계도 경쟁요소다. 그러나 한국조선의 시작은 무모하리만치 집요했던 도전정신이 있었기에 가능했다.

정주영 현대그룹 회장이 울산 전하만을 찍은 사진 1장으로 초대형유조선을 수주하러 길을 떠난 것부터 1980년대 초 세계적인 조선불황으로 주요국들이 조선생산시설을 줄이고 있을 때 오히려 대우조선과 삼성중공업이 대규모 조선시설을 완공한 것도 무모한 일이었다. 하지만 결과적으로 당시 무모한 도전을 하지 않았다면 오늘날 한국조선은 없을 것이다.

LNG선 사업도 마찬가지다. 처음에는 LNG선을 선진조선소 도움 없이 건조하는 것이 불가능해 보였다. 워낙 고도의 건조기술이 필요한 고급 배였기 때문이다. 하지만 이제는 LNG선 관련 기술을 역수출하고 있으며, 세계시장을 독주하고 있다.

국내 조선소들이 LNG선 시장에 참여하기 위해 불꽃 튀는 경쟁에 들어간 것은 1990년대 초부터다. 불과 10년 만에 세계시장에서 최고 자리에 오른 것이다.

우리나라는 1980년대에 처음으로 LNG 도입을 추진하면서 LNG선 국내 건조를 검토했다. 발 빠른 일부 조선소는 1970년대 말부터 LNG선 시대를 대비했다. 하지만 당시 정치적 상황으로 국내 건조는 좌절됐으며, 1983년 10월부터 외국적 선박에 의해 LNG 국내 도입이 시작됐다.

(1) LNG선 1, 2호 수주전

그러나 국가의 생명 줄과도 같은 에너지 도입을 외국 손에 계속 맡길 수는 없었다. 정부는 마침내 1990년 2월 국적 LNG선 사업을 위한 관계기관 회의에서 LNG 수송 참여와 LNG선의 국내 건조 원칙을 확정한다. 당시 참석한 관계기관은 동력자원부, 상공부, 해운항만청, 한국가스공사였다.

정부는 "우리 화물은 우리 해운회사가 나르고, 우리 배는 우리 조선소에서 건조한다."는 방침 아래 발 빠른 행보를 보인다.

1990년 3월 15일. 해운항만청은 관계기관 회의를 토대로 현대상선 등 9개 대형선사를 소집해 LNG 수송 참여 선사와 LNG선형에 대한 선호도를 조사했다.

이날 모인 9개 선사 가운데 현대상선과 두양상선, 한국특수선, 한진해운, 호남탱커, 범양상선 등 6개사가 모스형을 택했다. 조양상선이 멤브레인형, 대한해운이 SPB를 선호한다고 답했다. 유공해운(현 SK해운)은 의견을 유보했다. 선형에 대한 연구가 안 됐다는 이유였다. 현대상선만 이날 선택한 선형과 훗날 운항권을 획득한 다음 택한 선형이 같고, 나머지 해운회사들은 모두 다른 선형을 채택했다.

하지만 이날 결정은 곧바로 상공부로 통보됐다. 상공부는 4월 13일 '안정성과 신뢰성이 높다'는 이유를 들어 국내 최초 LNG선을 모스형으로 선정한다고 발표한다.

그러나 최근 발주되는 LNG선이 대부분 멤브레인형인 것에서도 알 수 있듯, 모스형이 다른 선형에 비해 안정성과 신뢰성이 특별히 높다는 근거는 없었다. 선사나 해운항만청, 상공부가 모스형에 후한 점수를 준 데에는 이유가 있었다.

당시 국내에서 LNG선에 대해 연구하던 조선소는 현대중공업

뿐이었으며, 현대중공업은 모스형의 국내 독점 건조권을 갖고 있었다. 따라서 국내에서 볼 수 있는 자료는 거의 현대중공업에서 만든 것이었다. 당연히, 모스형이 다소 비싸지만 우월하다는 주장을 담은 내용들이었다. 이와 함께 모스형이 채택된 또 하나의 배경은 세계 정상 조선국인 일본조선소들이 대부분 모스형을 건조한다는 현실적인 이유였다. 당시만 해도 조선분야만큼은 일본의 선택은 곧 '정답'으로 받아들여졌다. 이런 상황에서, LNG선을 깊이 연구해본 적 없는 선사들과 정부 부처 관계자들이 모스형이 아닌 다른 선형을 택하는 것은 처음부터 불가능했다.

하지만, 일본조선소들이 모스형을 택한 이유는 멤브레인 등 다른 선형보다 안정적이고 신뢰성이 높기 때문은 아니었다. 모스형이 멤브레인형에 비해 건조기간이 짧고, 자동화가 쉽다는 판단 때문이었다. 또 조선 선진국인 프랑스와 40년 가까이 세계조선시장을 석권하던 일본의 자존심도 모스형을 선택하게 하는 요인으로 작용했다. 멤브레인형 라이선스를 갖고 있던 프랑스 가즈트랜스포트 사는 LNG선만큼은 일본조선을 한 수 아래로 보고 라이선스 계약조건을 까다롭게 제시했다. 이에 반해 노르웨이 모스로젠버그 사는 자신들이 개발한 모스형을 세계 최강 조선국인 일본에 수출하기 위해 파격적인 조건을 내세웠다. 따라서 일본은 모스형으로 기울 수밖에 없었다.

배경이야 어찌 됐던, LNG선 연구에서 앞서 있던 현대중공업은 기회를 놓치지 않았다. 세계 LNG선 시장의 추이만을 강조하는 자료를 주요 선사는 물론 관련 정부 부처에 제공, 결국 국적 LNG선을 모스형으로 결정하도록 유도했다.

결론적으로 1, 2호선은 운항선사가 각각 현대상선과 유공해운으로 결정되면서, 두 척 모두 모스형으로 현대중공업에서 건조하게 된다. 현대중공업과 같은 계열사인 현대상선은 물론 유공해운도 선형을 선택할 기회조차 없었다.

(2) LNG 3호선 수주전

국적 LNG선 시리즈 가운데 3호선은 특별한 의미를 갖는다.

1, 2호선이 일찌감치 모스형으로 결정되는 바람에 독점 건조권을 가진 현대중공업이 경쟁 없이 독식할 수 있었다. 그러나 3호선은 사상 유례없는 치열한 경쟁이 펼쳐졌다. 현대중공업 입장에서는 3호선 역시 모스형으로 건조해야 대우조선과 삼성중공업 등의 '도전의 싹'을 애초에 잘라버릴 수 있다는 생각이었다. 반대로 대우조선과 삼성중공업은 3호선을 놓칠 경우 LNG선 시장에서 도태돼 2류 조선소로 밀려날 것이란 위기감이 팽배했다.

이에 따라 3호선을 둘러싸고 조선소와 해운회사를 뛰어넘은 경쟁이 펼쳐졌다. 현대그룹·대우그룹·삼성그룹·한진그룹·SK그룹 등 국내에서 당시 내로라하는 대그룹들이 물고 물리는 치열한 경쟁을 하면서, 반전과 재반전을 펼친 승부는 한편의 드라마와도 같았다. LNG프로젝트 관련자들은, 그룹 총수들이 직간접적으로 참여한 '별들의 전쟁'에서 수주전이 고비를 맞을 때마다 변화 가능한 예상 상황을 만들어 그에 대한 대비책을 짜는 참모역할을 해야 했다. 이들은 LNG 프로젝트와 함께 승진하고 좌천 당하는 공동운명체의 길을 걸었다.

3호선 수주전은 LNG 국적선 확충추진협의회 및 3, 4호선 발주

발표가 이루어진 1992년 1월 22일 이후 건조조선소가 결정된 9월 9일까지 장장 7개월 보름여간 계속됐다.

3호선을 놓고 벌인 경쟁은 3단계로 진행됐다. 1단계는 모스형 우월론을 내세운 현대중공업과, 멤브레인형으로 LNG선 건조사업에 참여하기 위해 배수의 진을 친 대우조선과 삼성중공업의 선형 논쟁이다.

현대중공업은 1, 2호선에 이어 3, 4호선도 모스형으로 밀어붙이려 했다. 당시만 해도 모스형이 멤브레인형에 비해 안전성에서 다소 앞선 것으로 인정받았기 때문에 이를 근거로 모스형 통일을 외쳤다. 세계 정상에 있는 일본조선소들이 선택한 선형이라는 점을 강조했다. 현대중공업은 3, 4호선까지 모스형으로 건조하게 되면, 앞으로 나올 후속선도 모스형으로 이어질 공산이 크기 때문에 총력전을 폈다. 3호선을 수주해야 모스형이 아닌 다른 형태의 LNG선 건조를 준비하던 대우조선과 삼성중공업의 추격을 따돌릴 수 있다는 판단이었다.

그러나 1, 2호선이 모스형으로 결정된 이후 조선업계의 반발은 예상보다 강했다. 대우조선, 삼성중공업 등은 현대중공업이 독점 건조권을 갖고 있는 모스형이 채택돼 LNG사업에 참여할 길이 원천적으로 봉쇄됐기 때문이다. 이들의 반발은 나름대로 명분이 있었다.

대우조선과 삼성중공업은 절실한 입장이었다. 3호선을 수주하지 못하면, LNG선 경쟁에서 완전히 뒤처질 것이란 위기감이 팽배했다. 대우조선과 삼성중공업은 당시 LNG 프로젝트를 주관하던 가스공사는 물론 상공부 등 관계부처를 상대로 강력한 로비에 나섰다. 앞으로 세계 LNG선 시장에서 일본조선소와 경쟁하려면 일본이 앞선 모스형보다는 멤브레인형으로 맞서야 한다는 논리였다.

1991년 10월 11일, LNG 국적선 추진현황 설명회가 열린다. 이날 모임은 1, 2호선에 대한 설명회 성격이었다. 하지만, 이 자리에서 정부 측 참석자가 "향후 추진사업의 선형은 업체가 자율적으로 선정하는 방향으로 유도하겠다."는 취지로 자율화 의지를 발표했다. 멤브레인형에 대한 건조를 시사하는 것이었다.

조선소와 해운회사들은 아직 본격적인 경쟁에 나서지는 않았지만, 물밑 전쟁은 이미 시작된 지 오래였다. 경쟁이 치열해지자, 가스공사는 운항선사 추천을 선주협회에 의뢰했다. 직접 선정할 능력도 부족했지만, 워낙 예민한 사안이어서 구설수를 감당하기 어렵다는 판단이 작용했다.

결국 운영선사는 선주협회를 통해 3호선은 한진해운, 4호선은 현대상선으로 결정됐다. 현대상선은 계열사인 현대중공업에서 건조할 것이 명확했지만, 한진해운은 유동적이어서 조선소들의 애간장을 태웠다.

현대중공업은 이미 LNG선(1, 2, 4호선) 3척을 확보한 상태에서 한진해운이 발주할 3호선 수주에 힘을 집중했다.

한진해운은 처음에는 현대중공업과 대우조선, 삼성중공업 세 조선소를 저울질했다. 그러나 현대중공업은 국내 해운업계 최대 경쟁사인 현대상선의 계열사라는 점에서 일찌감치 경쟁에서 멀어져 갔다. 현대중공업은 현대상선 때문에 LNG선 건조에서 주도권을 잡을 수 있었지만, 같은 이유로 3호선 수주에서는 실패하고 만다.

현대중공업의 탈락은 3호선이 멤브레인형으로 건조된다는 사실을 의미했다. 가장 강력한 후보였던 현대중공업이 탈락하자, 곧이어 3호선 수주를 위한 2단계 경쟁이 시작된다.

대우조선과 삼성중공업은 현대중공업을 상대로 싸울 때는 동지였지만, 현대중공업이 탈락한 뒤부터는 한 치도 양보할 수 없는 적으로 돌아섰다.

한진해운은 이들 두 조선소를 놓고 저울질에 들어갔다. 두 조선소는 사활을 걸고 그룹차원에서 수주에 나섰다. 한진해운에서 원하는 자료는 밤을 새워서라도 만들어서 갖다 바쳤다.

양사 간 경쟁 초기에는 삼성이 앞서는 분위기였다. 삼성은 공공연하게 수주를 장담했다. 대우조선에 비해 한 발 빠른 건조준비로 기술적인 측면에서 대우조선을 앞선다는 자신감이 충만했다. 또 그룹차원의 대결로 확산된 것도 삼성중공업으로서는 자신감을 더하는 계기가 됐다. 삼성그룹은 대우그룹에 비해 그룹 파워가 한 차원 높았다. 삼성은 그룹 규모에서도 대우를 압도했지만, 로비력은 대우와 비교할 바가 아니었다. 양사의 경쟁은 예상외로 쉽게 삼성의 승리로 끝나는 듯했다.

그런데 여기서 수주전의 판도를 뒤엎는 큰 사건이 생긴다. 삼성중공업과 대우조선의 수주전에 돌발변수가 발생했다. 숨죽이고 있던 한진중공업이 수주경쟁에 뛰어든 것이다.

3단계로 접어들었다. 대우조선과 삼성중공업 간 수주전이 열기를 뿜어내는 사이에, 조중훈 한진그룹 회장은 조용히 계열사인 한진중공업에다 LNG선 건조를 검토하라는 지시를 내린다. 그동안 LNG선에 대한 연구가 부족했던 한진중공업 관계자들은 회장의 지시가 떨어지자, 사방으로 뛰기 시작했다.

1992년 5월 21일, 조 회장은 부산 한진중공업 영도조선소에서 열린 한진오사카 호 명명식에서 "LNG선 건조시대를 열겠다."며 LNG선 건조 참여를 공식 천명한다.

조 회장은 원래 미리 준비해놓은 원고를 보고 읽는 스타일이 아니다. 그냥 생각나는 대로 말한다. 이날도 마찬가지였다. 한진해운과 한진중공업은 조금 더 시간을 벌고 싶었지만, 조 회장 때문에 전략이 노출되고 만다. 여기에는 조 회장의 자신감이 깔려 있었는지도 모른다.

조 회장이 한진중공업에서 LNG선을 건조하겠다는 의지를 표명하자, 대우조선과 삼성중공업은 즉각 반발했다. 그동안 한진해운에 LNG선 건조와 관련해 모든 자료를 제출했지만, 결국 '닭 쫓던 개 지붕 쳐다보는 격'이 됐기 때문이다.

3호선을 거의 손에 쥐었다고 생각했던 삼성의 반발은 특히나 거셌다. 삼성은 한진에 대해 '한진그룹의 상도의를 저버린 수주 과욕'이라고 격렬하게 비난하는 한편 관계기관에 한진중공업의 건조능력에 대한 의문점을 제기했다. 마침내 한진과 삼성의 갈등은 감정 차원으로 비화됐다. 이로 인해 한진과 삼성의 선박발주 거래는 지금까지 사실상 이루어지지 않고 있다.

이후 대우와 삼성은 한진을 비난하면서도 한편으로는 한진 측에 공동건조를 제의하는 양온전략을 펼친다.

삼성중공업은 공동건조 비율을 한진 대 삼성이 6 대 4로 하고, 건조실적을 삼성 명의로 해줄 것을 요청했다. 부대조건으로 삼성그룹 계열사들이 한진해운을 통해 수출하는 해상물동량을 2배로 늘려주겠다는 당근도 제시했다.

대우조선은 공동건조비율을 한진 대 대우가 3 대 1로 하고, 건조실적도 한진 명의로 하는 방안을 내놓았다.

한진중공업은 단독건조를 희망했다. 하지만, 삼성과 대우의 반발이 큰 데다, 가스공사의 압력도 만만치 않았다. 이에 따라 한진중공업은 삼성과 대우의 공동건조 방안을 검토하기 시작했다. 어쩔 수 없이 공동건조를 해야 한다면 삼성보다는 대우를 파트너로 택한다는 방침을 세워놓았다. 대우 측 제안이 현실적인 데다, 삼성과 함께하기에는 이미 감정적으로 너무 깊은 상처가 팬 상태였다.

7월 10일, 한진해운은 건조 희망 조선소를 대상으로 LNG선 건조력을 실사하는 등 우여곡절 끝에 마침내 한진중공업을 건조조선소로 추천했다. 조 회장의 LNG선 자체 건조 선언이 있은 지 한 달여 만의 결정이었다. 운항선사인 한진해운이 한진중공업을 건조조선소로 결정했지만, 아직 넘어야 할 산이 있었다. 화주인 가스공사가 삼성중공업을 지지했기 때문이다.

삼성이 한진중공업의 건조능력에 문제를 제기하자, 가스공사가 삼성과 대우, 한진중공업의 LNG선 건조기술능력을 평가하겠다고 나섰다.

이런 와중에 '가스공사의 한진중공업 배제설'이 나돌았다. 이에 대해 한진그룹은 조중훈 회장의 대외적인 체면손상과 삼성과의 갈등을 감안, 한진중공업이 건조조선소에서 탈락할 경우 한진해운도 운영권을 반납하는 '동반 포기 카드'까지 검토한 것으로 알려졌다.

  이 과정에서, 삼성중공업과 대우조선이 기술도입을 추진하다 실패한 프랑스 아틀랜틱 조선소와 한진중공업이 기술제휴를 체결하자, 전체적인 분위기는 급격하게 한진중공업 쪽으로 흘러갔다. 이것은 격렬한 수주전에서 하나의 큰 분수령이 되기에 충분한 사건이었다. 삼성과 대우가 한진보다 준비를 더 많이 했다고 하지만, 실제 건조를 해보지 않은 상태에서는 해외기술도입이 더욱 중요했다. 대우조선과 삼성중공업으로서는 자신들의 기술적 우위를 더 이상 주장할 수 없게 된 것이다. 당시 아틀랜틱 조선소는 멤브레인형 LNG선 분야에서는 세계 최고 조선소로 자타가 인정하고 있었다. 삼성과 대우도 아틀랜틱 조선소로부터 기술을 도입하려고 했지만 뜻을 이루지 못했다. 그런데 한진중공업이 기술제휴에 성공한 것이다.

  삼성과 대우의 요청을 뿌리친 아틀랜틱 조선소가 왜 한진에게는 기술제공을 약속했는가. 그것은 조 회장의 힘이었다. 조 회장은 1974년부터 한불민간경제협력위원회 위원장직을 맡고 있었다. 에어버스가 개발한 A300B기를 1975년 첫 도입하는 등 이미 20년 가까이 프랑스 정·재계에 인맥을 형성하고 있었다. 따라서 프랑스에서만큼은 삼성과 대우보다 한진의 로비력이 한 수 위였다.

  8월 21일, 진념 동력자원부 장관은 "3호선 건조조선소를 결정하는 가장 중요한 요소는 운항선사가 어떤 조선소를 추천했느냐 하는 점이다."라고 말해 한진중공업 건조를 공식적으로 인정했다. 이경식 가스공사 사장은 "운항선사의 추천은 최대한 존중되어야 한다. 그러나 화주로서 건조능력을 확신할 수 있는 제도적 뒷받침을 요구하지 않을 수 없기 때문에 삼성과 대우의 공동참여도 바람직하다."고 말해 진 장관의 말을 지지하면서, 공동건조로 방향을 몰고 갔다.

가스공사는 가장 늦게 LNG선 건조준비에 나선 한진중공업의 단독건조만은 막아야겠다는 생각이었다. 삼성의 요청으로 시작한 기술평가에서 삼성이 1위, 대우가 2위, 한진이 3위였다.

평가에서 꼴찌를 하자, 한진도 단독건조를 주장하기가 힘들었다. 하지만 공동건조 상대는 삼성이 아닌 대우였다. 멍석은 삼성이 깔았지만 노는 것은 대우와 함께라는 생각이었다.

1992년 9월 2일, 마침내 김우중 대우그룹 회장과 조중훈 한진그룹 회장은 LNG선 공동건조에 합의한다. 통상 선박건조 발주 및 수주는 사장이 계약을 한다. 또 국내 선사와 국내 조선소 간 계약은 실무진이 하는 경우도 있다. 하지만, 이 배는 그동안의 역정을 말해주듯 양 그룹을 이끌고 있는 오너 회장이 직접 나섰다. 이틀 뒤인 9월 4일 공동건조 합의서가 체결되면서, 길고도 격렬했던 국적 LNG 3호선 수주전이 막을 내렸다.

한 척의 배를 2개 조선소가 함께 건조하는 사례는 전무후무한 것으로 기록에 남게 됐다.

이어 9월 8일 오후 4시. 가스공사는 선주협회, 조선공업협회와 함께 LNG선 추진협의회를 열고, "3호선 건조사로 한진중공업이 결정됐으며, 한진은 주 계약자로 전체 건조량의 65퍼센트를 맡고 나머지 35퍼센트는 대우조선에 하청을 줘 건조한다."고 발표했다.

사실상 3호선 수주전은 막을 내렸지만, 삼성은 발끈했다. 입에 넣었던 떡을 다시 꺼낸 것과 다를 바 없었다. 삼성은, 가스공사가 실시한 기술평가에서 1위를 한 삼성을 제쳐놓고, 기술평가에서 3위를 한 한진중공업이 기술수준이 떨어지는 대우를 끌어들여 공동건조라는 형태로 LNG선 건조권을 확보한 것은 건조회사 선정에 문제점이 많았음을 보여준다고 포문을 열었다.

삼성은 이후 언론사에 배포하는 자료를 통해 한진해운과 한진중공업은 물론 대우조선까지도 싸잡아 극단적인 문구를 동원해 비난의 화살을 퍼부어댔다. 또 한진해운에 싣던 삼성전자의 수출 물량을 미국 선사인 APL로 전환하는 등 보복에 나섰다. 삼성의 이 같은 움직임에 대해 조중훈 회장과 한진 임직원들은 매우 격분했다.

이 문제는 정치권으로까지 비화됐다. 민주당은, 정부가 3호선 건조권을 한진중공업으로 넘겨준 데 대해 정경유착을 통해 정치자금을 조성했다는 의혹을 제기하며, 즉각 그 결정을 백지화할 것을 요구했다.

하지만, 삼성의 저항은 오래 가지 못했다.

(3) 국적 LNG선 프로젝트

한국가스공사는 국적 LNG선 프로젝트를 통해 4차에 걸쳐 총 17척을 발주했다.

1차 2척, 2차 2척, 3차 6척, 4차 7척이다. 이 중 현대중공업이 7척으로 가장 많이 수주했고, 한진중공업이 3과 3분의 2척, 대우조선이 3과 3분의 1척, 삼성중공업이 3척을 건조했다. 좀더 엄밀하게 말하면 가스공사는 17척에 대해 LNG 수송권을 가지는 해운회

▼ 표5 LNG 국적선 건조 및 용선 운영 현황

구 분	호선	건조조선소	선박Type	탱크용량(M3)	인도일	운영선사	수송계약기간	비고(도입선)
1차 발주 (2척)	1호선	현대중공업	Moss	125,000	1994.6.1	현대상선	20년 (1994~2014)	인도네시아
	2호선	현대중공업	Moss	125,000	1994.12.20	현대상선	20년 (1994~2014)	말레이시아
2차 발주 (2척)	3호선	한진중공업, 대우조선해양	GT	127,000	1995.9.25	한진해운	20년 (1995~2014)	인도네시아 공동건조
	4호선	현대중공업	Moss	125,000	1996.12.12	현대상선	20년 (1995~2015)	말레이시아
3차 발주 (6척)	5호선	대우조선해양	GT	135,000	1999.8.3	SK해운	20년 (1996~2016)	카타르
	6호선	현대중공업	Moss	135,000	1999.7.30	현대상선	25년 (1999~2024)	카타르
	7호선	한진중공업	GT	135,000	1999.7.30	한진해운	25년 (1999~2024)	오만
	8호선	삼성중공업	TGZ	135,000	2000.1.4	SK해운	25년 (1999~2024)	카타르
	9호선	현대중공업	Moss	135,000	2000.1.4	현대상선	25년 (1999~2024)	카타르
	10호선	대우조선해양	GT	135,000	2000.1.4	대한해운	25년 (1999~2024)	오만
4차 발주 (7척)	11호선	현대중공업	Moss	135,000	2000.3.31	현대상선	25년 (1999~2024)	오만
	12호선	삼성중공업	TGZ	135,000	2000.3.31	SK해운	25년 (1999~2024)	오만
	13호선	한진중공업	GT	135,000	2000.1.12	한진해운	25년 (1999~2024)	오만
	14호선	현대중공업	Moss	135,000	2000.7.31	현대상선	25년 (1999~2024)	오만
	15호선	한진중공업	GT	135,000	2000.9.5	한진해운	25년 (1999~2024)	카타르
	16호선	삼성중공업	TGZ	135,000	2000.12.8	SK해운	25년 (1999~2024)	카타르
	17호선	대우조선해양	GT	135,000	2000.6.30	대한해운	25년 (1999~2024)	카타르

※자료 : 한국가스공사

사를 먼저 선정하고, 이들 해운회사가 다시 조선소에 발주하는 형식으로 진행됐다.

이는 국적 LNG선 프로젝트의 가장 큰 특징 중 하나인 '짝짓기' 형태의 경쟁구도로 나타났다. 배를 운항할 선사와 만드는 조선소가 한 팀으로 구성돼 입찰하는 형식이다.

현대중공업은 현대상선, 한진중공업은 한진해운, 삼성중공업은 SK해운, 대우조선은 대한해운과 짝짓기를 했다. 한진해운이 운항권을 확보하면 한진중공업이 건조권을 갖는 형식이다. 물론 현대상선이 운항권을 확보하면 현대중공업에 발주한다.

이에 따라 현대중공업은 7척 모두 현대상선에서, 한진중공업은 3과 3분의 2척 모두 한진해운으로부터 수주했다. 삼성중공업은 계열사는 아니지만 3척 모두 SK해운으로부터 수주했다. SK해운은 운항권을 가진 4척 중 첫 번째 선박인 5호선만 대우조선에 발주하고, 나머지 3척은 삼성과 거래했다.

대우조선은 현대나 한진과 달리 계열 해운사가 없는 데다, 삼성처럼 그룹차원의 지원도 기대하기 어려운 형편이었다. 3호선 건조 시 3분의 1척으로 간신히 건조사업에 뛰어든 뒤 이를 바탕으로 SK의 5호선을 수주하고, 대한해운과 짝짓기에 성공해 대한해운이 발주하는 2척을 모두 수주했다.

선형으로 보면 모스형과 GT 멤브레인형이 각각 7척, TGZ 멤브레인형이 3척이다.

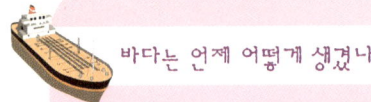# 바다는 언제 어떻게 생겼나

우주 나이는 141억 살, 지구 나이는 50억 살. 바다 나이는 38억 살로 추정된다. 인류 나이는 200만 살이다.

그러니까 처음 우주가 생겼을 때 지구는 없었으며, 지구가 만들어졌을 때 바다는 존재하지 않았다. 또 바다가 생긴 뒤 오랜 세월이 흘러 인류가 등장했다. 우주나 지구, 바다의 나이에 비하면 인류는 갓난아이에 불과하다.

지구 역사가 시작될 무렵에는 지각이 얇았고, 화산활동이 활발했다. 당시 화산활동으로 많은 양의 물이 용암과 함께 빠져나와 지구 표면을 뒤덮었을 것을 추정된다. 이때 나온 물의 일부는 낮은 곳으로 흘러가고, 상당량의 물은 뜨거운 수증기 형태로 가스와 함께 하늘로 올라가 대기권을 형성했다.

지구는 활발한 화산활동이 멈추자, 지표면부터 식기 시작했다. 지표면이 식자 대기권의 수증기도 식어 비가 되어 내렸다. 비는 낮은 지표면으로 흘러 들어가 바다를 형성했다. 바닷물은 모두 13억 7,000만 킬로톤(입방 킬로미터)에 이른다.

현대중공업

현대중공업은 세계최대 조선소이면서 자타가 공인하는 최강의 경쟁력을 갖고 있다. 세계 조선업계의 골리앗으로 불리기도 한다.

현대중공업의 역사는 32년 전인 1972년 황무지였던 울산 바닷가 모래벌판에서 시작됐다. 당시까지 한국조선업계는 대한조선공사(한진중공업 전신)가 건조한 18,000톤급 배가 최대였다. 이런 상황에서 수십만 톤급 배를 건조하는 조선소를 건설하겠다는 발상은 해외에서는 물론 국내에서조차 무모한 일로 받아들였다. 일본 조선소들의 방해공작도 심했다. 일본은 한국의 경제규모(해운업 규모)에 비춰 50,000톤급 배를 건조하는 능력만 갖추어도 충분하다는 주장을 폈다. 그들은 또 설령 조선소를 건설한다고 해도 기술이 없어 큰 배를 만들 수는 없을 것이라는 말을 공공연하게 퍼뜨리고 다녔다.

그러나 현대중공업은 울산 전하만 사진과 영국 스코트 리스고 조선소에서 빌린 260,000톤급 유조선 도면 1장을 가지고 초대형 유조선을 수주하는 데 성공한다. 이는 당시 중화학공업 육성을 제1정책으로 추진하던 정부의 전폭적인 지원도 큰 힘이 됐지만, 고인이 된 정주영 현대 창업자가 아니면 힘든 일이었다.

현대중공업은 1972년 3월 조선소 독을 파기 시작해 2년 3개월 만인 1974년 6월 완공을 한다. 최단기간 내 최대규모의 조선소가 세계 조선사상 유례 없이 만들어졌다. 현대중공업은 그리스 리바노스 사로부터 수주한 초대형유조선을 성공적으로 건조·인도해, 세계 해운·조선업계를 다시 한 번 놀라게 했다.

1974년 1호선 명명식을 가진 뒤 불과 10년 만인 1984년에 1,000만 톤(총 231척)을 건조, 인도하는 기록을 세워 기네스북에 오른다. 1983년에는 일본 경제잡지인 『다이아몬드』지가 선박수주 및 건조량에서 일본 미쓰비시 중공업을 제치고 세계 1위로 선정하기도 했다.

현대중공업은 1,000만 톤 돌파 이후 4년 만인 1988년 2,000만 톤, 다시 3년 후인 1991년에 3,000만 톤, 1994년에 4,000만 톤을 돌파했다. 이제 현대중공업은 세계 조선시장의 20퍼센트 이상을 점유하고 있다. 우리나라 어느 산업, 어느 기업도 세계 시장에서 이같은 위상을 갖추지 못하고 있다.

현대중공업은, 대우조선이 3분의 1척을 시작으로 LNG선 건조를 시작한 것과 달리, 정부의 국적 LNG선 사업 1호선과 2호선을 모두 수주하면서 산뜻하게 출발했다. 이처럼 출발이 순조로웠던 것은 국내 다른 조선소에 비해 준비기간이 길었기 때문이다.

현대중공업이 LNG선 건조를 준비한 것은 1970년대 후반부터다. 대우조선과 삼성중공업은 아직 조선소로서 출범도 하지 못한 시기였다. 1977년에 프랑스 가즈트랜스포트 사로부터, 1978년에는 테크니가즈 사로부터 멤브레인 LNG선 기술을 도입했다. 1982년에는 노르웨이 모스 로젠버그 사로부터 모스형 LNG선 기술을 도입했다. 1991년 6월 28일, 국내 조선소로는 처음으로 LNG선을 수주했다. 선주는 현대상선이었다.

그러나 현대중공업은 지금 LNG선 시장에서는 최강자의 입지가 크게 흔들리고 있다. 후발인 대우조선과 삼성중공업에 밀리고 있다. 이는 LNG선 사업 초기에 선택한 모스형이 멤브레인형과의 경쟁에서 밀려나면서 수주가 어려워진 데다, 이익을 극대화하기 위한 보수적인 영업전략도 수주전에 불리하게 작용했다.

현대중공업은 세계적인 추세를 따라 이제 멤브레인형 건조에 나서고 있다. 모스형만으로는 다른 조선소와 경쟁하기 어렵기 때문이다.

2003년에는 세계 최초로 개발한 플라즈마 용접기법을 노르웨이 골라(GOLAR) 사로부터 수주한 140,000톤급 멤브레인형 LNG선에 적용했다. 플라즈마 용접은 고밀도 에너지인 플라즈마를 열원(熱源)으로 하는 최첨단 기법으로, 기존 막대용접보다 속도가 빠르고 부재가 잘 변형되지 않는다. 따라서 LNG선 품질과 생산성 향상에 중요한 역할을 한다. 현대중공업은 이 용접기법과 장비에 대해 프랑스와 일본, 중국 등에 특허를 출원해놓고 있다.

명실 공히 세계 LNG선 시장을 대표하는 모스형과 멤브레인형 2가지 모두 건조하는 체제를 갖추었다. 물론 의도한 것은 아니었지만, 결과적으로 2가지 형태의 LNG선을 건조하는 유일한 조선소가 됐다.

LNG선 수출시대를 열다

1999년 8월 9일, 한국 조선의 LNG선 수출시대가 열린 날이다.

이날 현대중공업은 나이지리아 보니가스 트랜스포트 사로부터 138,000톤급 LNG선 2척을 4억 달러에 수주했다. 보니가스 트랜스포트 사는 나이지리아 국영석유회사인 NNPC 사, 국제 오일 메이저인 영국 셸(SHEEL), 프랑스 엘프(ELF), 이탈리아 에이집(AGIP) 사로 구성된 다국적 합작기업인 NLNG 사의 자회사다.

1999년 초에 열린 입찰에는 현대중공업을 비롯해 일본 미쓰비시 중공업, 가와사키 중공업, 미쓰이 중공업과 프랑스 아틀랜틱 조선소 등 13개 조선소가 참여했다. 엄격한 심사를 거쳐 현대중공업과 미쓰비시 중공업의 대결로 압축됐고, 현대중공업이 최종 낙찰자로 선정됐다. 당시 일본조선소들은 한국조선소의 세계 LNG시장 진출을 막기 위해 막판까지 사력을 다했으나, 결국 현대중공업을 막지 못했다.

1991년 첫 국적 LNG선을 수주한 이후 8년 만에 수출선 수주에 성공한 것이다. 비록 최근 들어 대우조선에 LNG선에 대한 주도권을 빼앗기기는 했지만, 그렇다고 첫 수출에 대한 의미가 줄어드는 것은 아니다.

현대중공업의 LNG선 수주는 세계 조선업계에 한국조선의 기술력과 위상을 크게 높인 쾌거였다.

대우조선

대우조선은 출발부터 극적이었다.

정부는 1973년 5월 경제개발 5개년 계획의 일환인 중화학공업 육성 정책에 따라 대한조선공사를 사업 주체로 한 옥포조선소(대우조선소 전신) 건설계획을 확정했다. 그러나 대한조선공사는 조선불황으로 자금조달이 어려워지면서 공사를 더 이상 진행할 수 없는 상황에 이르렀다. 준공 예정을 3년이나 넘긴 1978년까지 공사진척은 30퍼센트에 불과했다. 정부는 1978년 8월 경제장관회의

◀ 1973년 대우 옥포조선소 기공식

에서 옥포조선소를 인수할 회사로 대우를 선정, 각종 지원책과 함께 인수할 것을 제의한다. 김우중 대우그룹 회장은 고심 끝에 인수하기로 결정한다. 하지만, 1980년대 들어 신군부가 집권하면서 정부의 지원약속은 지켜지지 않는다. 여기에 세계적인 조선불황이 겹치면서 대우조선은 큰 위기를 맞는다. 이후 정부와 그룹 차원의 적극적인 지원을 바탕으로 회생을 모색하고 1989년부터 조선시황이 반전되면서 정상화의 길을 걷게 된다.

그러나 1999년 누구도 예상하지 못한 대우그룹 붕괴로 대우조선은 또다시 기업개선작업(워크아웃)이란 험난한 길로 접어든다. 그리고 마침내 2001년 워크아웃에서 벗어나는데, 그 과정이 드라마 자체다.

대우조선은 LNG선 역사도 평탄하지 않다.

대우조선은 1989년 LNG선 기술개발을 시작으로 본격적으로 LNG선 건조 사업에 뛰어들어 세계 제1의 LNG선 건조조선소라는

▲ 1981년 골리앗 크레인 설치 대형 블록 탑재 시 사용된다.

명성을 얻는다. 초창기 LNG선 건조 사업 참여를 결정할 당시만 하더라도 LNG는 천연가스를 액화시킨 것이며 대도시에서 도시가스로 사용하고 있다는 사실 외에는 그 어떤 지식도 경험도 없었다.

대우조선은 1993년 국적 3호선이자 첫 멤브레인형 LNG선을 수주해 시장에 진입한다. 그러나 그것은 독자 수주가 아닌 공동 작업이었다. 더군다나 경쟁 회사 야드에서 건조해야 하는 자존심에 멍이 가는 수주였다. 건조 중에도 차라리 삼성중공업처럼 '자존심을 지키며 독립 건조를 준비했더라면…….'이라는 자괴감과 불만이 곳곳에서 터져나왔다.

하지만 대우조선이 맡았던 화물창 탱크의 품질에 대한 선주 만족도는 말할 수 없이 좋았다. 결국 자존심을 접고 공동건조에 참여한 대우조선은 첫 번째 경험에서 많은 노하우를 얻고, 대외적인 신뢰도를 구축하며, 그 이후의 수주에서 타사보다 앞서는 경쟁력을 확보한다.

1996년 제3차 입찰에서 대우조선은 국적 LNG선을 단독으로 수주했다. 한진중공업과의 공동건조에서 얻은 노하우들을 십분 발휘해 작업환경 개선과 생산성 향상이란 혁신활동을 진행해 나간다. 철저한 사전준비는 공동건조 과정에서 아쉬웠던 기술적 과제에서부터 작업 시스템에 이르기까지 총체적인 분야에 걸쳐 이루어졌다. 이는 건조가 본격적으로 시작되기 훨씬 전부터 발생 가능한 모든 요인들을 가정해놓고 그 실마리를 시뮬레이션해 어떤 문제가 발생하더라도 빠르게 대처할 수 있게 하는 과정이었다.

LNG선 건조를 위해 외국에서 들여온 장비들은 작업환경과 잘 맞지 않았다. 그래서 새로운 작업 프로세스를 연구하고 가장 적합한 장비로 대체하는 데 집중한다. 결국 모든 장비를 100퍼센트 국산화하면서 환경에 맞게 개선했다. LNG선 전용 자동용접기, 화물창을 위한 보온·단열 박스 전용 취부 및 생산 로봇, 보온재인 펄라이트 자동 주입장치 등이 대표적이다.

▲ 1981년 대우조선 종합준공식

특히 통합자동화시스템(Integrated Automation System ; IAS)은 정부로부터 10대 신기술상을 받았다. 저온의 LNG 화물을 제어하기 위해서는 매우 까다롭고 복잡한 시스템이 필요하다. 그러나 외국에서 도입한 시스템은 운용하는 오퍼레이터의 기량이 매우 중요해 담당자가 잠시 자리를 비운 사이에 발생하는 갑작스런 사태를 방지할 수 없었다. 그러나 대우조선이 자체 개발한 IAS는 최적화된 그룹개념을 도입해, 복잡하게 얽혀 있는 각종 장비들을 통합적으로 관리·운전하고 전반적인 제어 시스템의 효율성과 안정성을 높이기 위해, 분산제어시스템(Distributed Control System ; DCS)

을 채용했다. 이 시스템은 개방된 구조라 운전 및 유지 보수가 유리하고, 운전자가 장비를 보다 편안하게 안정적으로 운전할 수 있다.

국적 LNG선을 건조하면서 얻은 생산 노하우들과 기술적인 진보는 자신감으로 연결됐으며, 후일 해외 프로젝트 대량 수주를 알리는 청신호가 되었다.

(1) LNG선 해외 수주 및 영업

한진중공업과 공동건조 이후 대우조선은 국내 LNG선 3척을 순조롭게 수주, 건조한다. 이에 따라 세계 LNG선 시장 진입이라는 계획을 세우고, LNG선만을 수주하기 위한 별도의 LNG선 영업팀(현재의 가스선 영업팀)을 출범시킨다. 그러나 LNG선 영업은 대우조선이 대우그룹의 계열사로 있을 당시에 그룹 붕괴라는 일대 변혁을 맞으면서 커다란 시련을 겪는다. 1999년 대우그룹 구조조정으로 인해 워크아웃에 들어가면서 뼈를 깎는 고통을 감수할 수밖에 없었다. 당시 대우조선은 상당한 우량 기업이었지만, 그룹과 함께 쓰러져야만 했다.

그러나 '위기는 또 하나의 기회'가 됐다. 대우조선은 그동안 선주들과 쌓았던 신뢰와 흔들림 없는 자신감으로 영업력을 지속적으로 확장시켜 나갔다. 그런 중에 워크아웃으로 인한 수주 물량 감소가 오히려 납기 경쟁력을 높이는 호재로 작용했다.

대우조선은 워크아웃 탈피를 위해 채권 금융기관들에게 가급적 빠른 부채상환을 약속하고, 이를 위해 고수익을 보장받을 수 있는 LNG선 수주에 총력을 기울인다. 이러한 노력으로 2000년에 국내 조선소로는 처음으로 벨기에 엑스마로부터 멤브레인형 LNG선을 수주한다. 2000년 10월에는 대우그룹에서 완전히 탈피해 독립기업으로 거듭나며, 2001년에는 옛 대우그룹 계열사 중 가장 먼저 워크아웃에서 탈피한다. 이는 LNG선 해외 수주와 건조라는 배수진을 통해 달성할 수 있었다.

대우조선은 2000년부터 2003년 8월 현재까지 세계 LNG선 시장에 발주된 74척 중 22척을 수주했다. 이 기간 동안 대우조선을 포함한 한국조선소들은 42척을 수주해 25척을 수주한 일본을 크게 앞질렀다.

(2) 해외 LNG 프로젝트를 선점하라

대우조선은 워크아웃에서 벗어나기 위해 고부가가치 선박인 LNG선의 해외수주가 필요했다. 이는, 당시 국내 조선사들의 해외 수주는 전무하고 따라서 최초의 선점이 미래를 약속하는 기회라는 판단에 따른 것이었다.

그러나 상황은 매우 어려웠다. 일반 탱커와 마찬가지로 LNG선 역시 세계 오일 메이저(Oil Major)들의 주요사업 중 하나로 오일 메이저들은 리스크를 안고 사업하기를 극도로 꺼린다. 그들이 워크아웃 체제하에 있는 대우조선에 발주한다는 것은 도산한 조선소에 발주하는 것과 같은 엄청난 리스크였다. 이로 인해, LNG선을 최대한 많이 수주하여 시장을 선점한다는 전략에 상당한 차질이 빚어졌다. 실제 영국 BP사는 LNG선을 대우조선에 발주하는 것으로 거의 결정했으나, 워크아웃 중인 조선소라는 이유로 예상을 뒤엎고 타 조선소에 최종 발주하기도 했다.

대우가 건조해 벨기에 엑스마 사에 인도한 엑셀 호

대우가 건조해 스페인 타피아스 사에 인도한 페르난도 타피아스 호

▼ 대우가 건조해 대한해운에 인도한 프리지아 호

하지만 대우조선은 벨기에 엑스마 사로부터 마침내 수출선 수주를 하고 만다. 물론 엑스마 사와의 계약도 처음부터 순탄했던 것은 아니다. 대형 오일 메이저가 아닌 일반 선사에서 떨어져 나와 주로 LPG를 수송하던 엑스마 사가 금융위기에 처한 대우조선에 발주한다는 것은 쉽지 않은 결정이었다. 결국 엑스마 사는 조건부 발주를 결정한다. LNG선을 발주하면서 LPG선과 VLCC(초대형유조선)에 대해서도 각각 별도의 계약서를 작성했다. 만일의 사태가 발생하면 선종을 바꾼다는 내용이었다. 즉, 일정한 시간이 흐른 뒤 선박건조 상황에 따라 사업계획을 바꾼다는 일종의 리스크 앤 세이프티(Risk & Safety) 전략이다. 별다른 일 없이 최종적으로 LNG선을 인도했지만, 대우조선은 인도하는 그날까지 가슴을 졸여야 했다.

엑스마 사를 시작으로 스페인 타피아스 사와 노르웨이 베르게센 사가 뒤를 이었다. 또한 골라 사가 가세하면서 대우조선의 해외수주가 봇물 터지듯 이루어졌다. 결국 2000년에 6척, 2001년에 10척, 2002년에 5척 등 대량 수주에 성공한다.

(3) 대우조선의 LNG선 경쟁력

LNG선은 대규모 자본으로 이루어지는 상품이기 때문에 가격경쟁력과 비가격경쟁력 양면에서 확실한 우위를 갖추어야만 세계시장에서 경쟁할 수 있다. 대우조선이 LNG선 분야에서 1위를 차지할 수 있었던 배경은 가격경쟁력, 기술경쟁력, 우수한 인력구성 등 크게 3가지로 압축할 수 있다.

가격경쟁력

대우조선은 1996년과 1997년 사이에 국적 LNG선 3척을 2억 1,000만~2억 2,000만달러에 수주했다. 2000년에 외국에서 수주한 6척은 1억 4,500만~1억 8,000만 달러였다. 이를 놓고 저가 수주라는 주장이 제기되기도 했다. 하지만, 이것이 가격경쟁력에 바탕을 둔 것으로 판명되는 데는 오랜 기간이 걸리지 않았다.

국적 LNG선들을 건조하면서 다양한 신공법 개발, 전문인력 양성, 생산기반 및 건조기술 들을 확보하였고, 자체 구매부문에서도 경험 및 노하우를 축적했다. 또 기자재 업체들에 대한 기술 주도권을 장악해 재료비를 획기적으로 절감하는 등 LNG선 건조 기반을 구축하여 경쟁력을 갖추었다.

특히 대량 발주가 맞물리면서 자재 부문에서 유연성을 확보하게 되어 대부분의 기자재를 독점 공급받지 않는다는 원칙하에 경쟁 입찰 방식으로 기자재 업체들을 선정하였다. 결과는 당연히 자재비 절감으로 이어졌다. 또 1997년까지 수주한 국적 LNG선을 건조하면서 얻은 학습효과, 생산성 향상, 원가절감 및 통화가치 절하에 따른 가격경쟁력 등을 토대로 해외 입찰에 참여하여,

2000년도부터 괄목할 만한 성과를 거두었다. 특히 1997년 아시아 경제위기 이후 원화가치가 큰 폭으로 하락(약 50퍼센트)해 자연스레 대규모 선가 인하 요인이 발생했다. 이러한 요인들을 종합해 보면 1997년과 2000년의 시장가격 차이를 이해할 수 있다.

LNG선의 가격하락은 LNG 수송비용 하락 요인으로 작용해 LNG시장의 성장에 크게 기여했다.

기술경쟁력

대우조선은 설립 이후 현재까지 독의 신·증설을 하지 않았다. 노후시설을 대체하는 투자나, 생산효율을 제고하기 위해 장비와 시설의 현대화에 대한 투자만을 지속해 왔다. 생산관리체제 및 공법개선 등으로 생산능력은 지속적으로 증가했고, LNG선 건조에서도 예외는 아니었다.

결국 비가격경쟁력의 관건은 생산성 향상이라고 할 수 있다. LNG선을 최초로 수주해 연속 건조하기까지 많은 경험을 쌓았다. 생산성 향상을 위해 가장 먼저 집중했던 것은 바로 비효율의 제거였다. 즉, 초창기에 LNG선을 건조하기 위해 도입했으나 우리 작업환경에는 맞지 않던 외국산 장비들을 개선하려는 연구를 전개해 끊임없이 혁신을 이루어왔다.

예를 들면, LNG 저장 화물창 작업에 쓰이던 전용장비를 프랑스에서 수입해서 썼는데, 이것이 고장이 나서 수리라도 하려면 그 부품들을 제공받는 데만도 상당한 시일이 걸렸다. 이런 불편함과 번거로움을 없애고자 시행착오를 여러 차례 거친 끝에 자체 장비를 개발하여 교체하였다. 이는 사용자에게 가장 적합하면서도 편

의성 또한 제공되는 장비였다.

마찬가지로 화물창의 핵심인 단열 박스를 들어올리는 장비를 로봇 시스템으로 구현하는 자동화시스템을 자체 개발하였으며, 인바 역시 자체 개발한 자동생산장비를 사용함으로써 우리만의 작업환경을 최적화시켰다. 또한 모든 자재는, 현장으로 직송하는 JIT(Just In Time) 생산방식을 적용해 순발력을 높임으로써 작업 흐름의 효율성을 극대화시켰다. 이러한 생산공법의 향상으로 화물창 공사기간을 첫 번째 선박을 건조하던 1995년 15개월에서 2003년에는 7개월로 단축시켰다.

특히 LNG선 통합자동화시스템 개발은 제어시스템에서는 타사와 차별되는 효율성과 안정성을 확보했고, 선박 운항과 관련해서는 안정성 확보와 시운전 기간 단축이라는 쾌거를 올렸다. 이를 계기로 관련 장비 자재비도 거의 600만 달러 이상 절감할 수 있었다. 또한 화물창 모델 테스트를 바탕으로 한 화물창 슬로싱 해석, 하중을 확률적으로 예측하는 장기응력 분포의 정확한 추정에 의한 LNG선 피로해석, 화물 온도 차에 따른 수축응력과 펌프 구동의 토크 해석기법에 의한 펌프타워 해석, 선체의 강재 등급과 화물창 BOR 계산을 위한 3차원 선체 온도해석 등 다수의 설계기술개발로 설계공기단축과 품질향상을 이루었다.

화물창시스템(Cargo Containment System) 개발도 건조원가를 현저하게 낮추는 요인이 됐다. 이러한 끊임없는 개발은 LNG 화물창 기술을 보유하고 있는 프랑스 엔지니어링 업체인 GTT 사의 하소연으로까지 이어졌다. 대우조선의 기술과 치공구 개발로 GTT 사와 연관된 프랑스 업체들의 설 자리가 점점 좁아짐에 따라, 기술개발이나 치공구 개발 등은 그만두고 자신들에게 모든 것을 맡겨 달라고 말할 정도였다.

우수한 인력구성

현재 LNG선 담당인력은 1989년의 LNG선 원년 멤버 그대로다. 10여 년이 흐르는 동안 핵심 멤버가 제3세대까지 이어지고 있다. 어렵던 초창기 시절을 함께한 영업, 설계, 생산 등 전 부문 원년 멤버들은 현재 임원과 부장이 됐다. 초창기 대리 사원들은 현재 과장·차장이 되었고, 이제 갓 들어온 신입사원들이 제3세대 새로운 멤버로서 그 뒤를 보강하고 있다.

원년 멤버 그대로 변함없이 LNG선 사업을 함께 해나가기 때문에 팀워크는 세계 최고다. 생산 요원들 역시 실적선 경험을 토대로 이미 정예화·고기능화된 상태이고, 고령화에 대비해 신진 요원들에 대한 교육과 훈련을 착실히 하여 생산에 투입하는 등 차세대 정예 요원들을 지속적으로 배출하고 있다.

이런 완벽한 팀워크가 대우조선의 LNG선 경쟁력을 밑받침하고 있다.

(4) 멤브레인형 LNG선 수출시대 개막

2002년 6월 27일. 경남 거제시에 있는 대우 옥포조선소에서는 배 이름을 짓는 명명식이 열리고 있었다. 정성립 대우조선 사장과 선주사인 벨기에 엑스마 사의 니콜라스 사베리 회장 등 120여 명이 참석했다. 이 자리에서 사베리 회장 부인 페타임 호싸 여사는 이 배를 엑스칼리버 호로 명명했다.

대우가 건조해 벨기에엑스마 사에 인도한 엑스칼리버 호

겉으로 보기에는 1년에 수십 차례 열리는 일반 명명식과 크게 다를 바 없는 행사였다. 하지만, 이 자리는 대우조선뿐만 아니라 한국조선업체들에게 큰 의미가 있는 자리였다. 멤브레인형 LNG 선 수출시대를 개막한 것이다. 또 1980년대 말 이후 해운회사가 자국조선소가 아닌 다른 나라 조선소에 발주한 첫 멤브레인형 LNG선이라는 의미도 있었다. 그러나 무엇보다도 이 배가 2000년 이후 LNG선을 대량으로 수주하는 시발점이 된 선박이라는 데 더 큰 의미가 있다.

(5) 정상 비결은 기술력 바탕으로 한 공격적인 영업

대우조선이 2000년대 들어 세계 LNG선 시장에서 30퍼센트 이상 점유율을 차지한 것은 기술력을 바탕으로 다른 조선소와 차별화된 영업전략을 펼쳤기 때문이다.

LNG선은 'LNG 체인(Chain)'으로 불리는 통합·장기 프로젝트라는 점이 다른 선박과 다르다. LNG선 프로젝트는 대부분 국제 경쟁입찰을 통해 진행되며, 계약에서 인도까지 통상 3~4년이라는 긴 기간과 수억 달러에 이르는 대규모 비용이 소요되는 점이 특징이다. 따라서 LNG선을 운항하는 선사들 수는 제한적이다.

대우조선은 다른 조선소와 비교해 싸고 훌륭한 LNG선을 만들 수 있다. 기술경쟁력과 가격경쟁력은 동전의 양면과 같다. 기술경쟁력 없는 가격경쟁력이란 무의미하기 때문이다.

대우조선의 기술경쟁력은 주요 부품 및 시스템 개발능력에서 나온다. 1999년 국내 건조 LNG선의 자재 국산화율은 약 25퍼센트 정도였다. 그러나 2000년에 벨기에 엑스마 사로부터 수주한 138,000톤급 LNG선의 국산화율은 48퍼센트로 높아졌다.

그동안 LNG선 기관실의 필수장비인 저압스팀발전기(Low pressure steam generator) 시스템과 고온·고압·초저온 밸브류 등 각종 고가 장비들을 국내 조선기자재업체들과 공동 개발했다. 특히 가스 매니지먼트 시스템(Gas Management System ; GMS)과 운항·적재·하역 등 전 부문을 자동 제어하는 LNG선 통합자동화

LNG선 입항 장면

▲ 대우가 건조해 대한해운에 인도한 아카시아 호가 LNG를 하역하고 있다.

시스템의 국산화는 한국조선이 LNG선 시장에서 독립적인 경쟁력을 확보하는 데 결정적인 역할을 했다.

1990년대 초까지만 해도 국내 조선소들은 LNG선을 건조하기 위해 보일러와 터빈, BOG 핸들링시스템 등 핵심기술을 일본 미쓰비시에 의존해야 했다. 당연히 보일러, 터빈 등 주요 장비들을 미쓰비시에서 구입해야 했다. 심지어는 건조 스케줄도 이들 장비의 인도 스케줄에 맞춰야 했다.

대우조선은 LNG선 시장에 진입하면서부터 이런 패러다임을 바꾸었다. 대우조선은 일본 가와사키 중공업과 보일러제어시스템, 특히 가스 매니지먼트 시스템을 공동으로 개발하는 데 성공했다. 이런 보일러제어시스템과 GMS는 일본에서도 전례가 없는 것이었다. 이는 LNG선 건조가격을 1척당 약 1,500만 달러씩 절감하는 효과를 가져왔다.

또 LNG선 통합자동화시스템(IAS)을 자체기술로 개발, 그동안 일본조선소에 지불하던 척당 약 1,000만 달러에 가까운 기술제공

수수료를 절감할 수 있게 됐다. 이 기술은 산업자원부로부터 '2000년 대한민국 10대 신기술'로 선정되기도 했다. 대우조선의 기술개발로 일본조선소들의 한국조선소에 대한 수수료는 4분의 1 아래로 떨어졌다.

이와 함께 의장시스템 및 생산설비의 국산화 노력도 돋보인다. LNG선의 비상차단시스템(Emergency Shutdown System)·유량측정 시스템(Flow Meter System) 등 많은 장치들을 국산화했으며, 단열 시스템의 제작과 용접 및 설치에 소요되는 장비를 개발해 원가 절감에 기여했다.

특히 LNG선 경쟁력의 핵심은 화물창 건조능력이다. 대우조선은 어느 조선소보다 짧은 기간 내에 효율성 높은 화물창을 건조할 수 있다. 이는 독자적인 생산기술과 모든 전용장비를 직접 만들어 쓰기 때문에 가능하다. 이를 위해 작업단순화 및 자동화를 추진하고, 직무교안 및 실습장을 구비해 현장사원을 대상으로 교육과 훈련을 실시해 생산에 투입하는 체제를 구축하고 있다. 전용장비 및 설비는 사용자가 직접 개발한 것이어서 편리하고, 초보자도 쉽게 사용할 수 있다.

대우조선의 이 같은 국산화를 바탕으로 한 원가절감은 LNG선 가격을 크게 낮추는 계기가 됐고, 이는 세계시장에 LNG선 건조 붐을 일으켰다. 척당 가격이 1990년대 초 2억 5,000만 달러에서 지금은 1억 5,000만 달러 수준으로 낮아졌다. 이처럼 LNG선 가격이 떨어지면서 LNG 개발사업이 크게 늘었고, LNG선 대량발주로 이어졌다.

이 같은 기술력을 밑천 삼아 공격적으로 영업에 나서면서 대우조선은 일본을 LNG시장에서 조연으로 밀어냈다.

대우조선의 LNG선 영업전략은 '공격적'이다. 이는 워크아웃을 거치면서 LNG선 수주가 그만큼 절실하기도 했지만, 생산성 향상을 통해 이익을 늘릴 수 있기에 가능했다. 유럽조선 등 일부 조선업계에서 대우조선이 LNG선을 낮은 가격에 수주한다며 비난하는 것도 사실이다. 하지만, 다른 조선소보다 낮은 가격에 수주해서 더 많이 남길 수 있다면 이 같은 비난은 온당치 않다.

대우조선의 LNG선 수주전략은 본격적인 영업이 시작되기 전 단계인 BS(Before Service)에서 선박을 인도하고 난 뒤에 지속적으로 이루어지는 AS(After Service)로 정리된다. 평소에도 기존 선주들과 긴밀한 관계를 유지한다. 기존에 LNG선을 운항하고 있는 선주사를 방문해 새로 개발 중인 LNG선의 품질을 홍보하며, 인간적인 관계를 형성한다. 또 유조선이나 일반화물선, 컨테이너선 등을 운항하는 해운회사를 상대로 LNG선 사업에 대한 매력을 주지시켜 신규 발주를 유도하는 작업도 한다. 선주사들이 투기목적으로 발주하는 선박이 아닌 프로젝트용 선박을 영업 타깃으로 하고 있다.

일단 선박 발주가 결정되면, 계약이 이루어질 때까지 선주에게 필요한 정보를 신속·정확하게 제공한다. 이는 보다 나은 수주환경을 조성하기 위해서다. 선주가 보다 많은 정보를 빠르게 전달해주는 조선소에 관심을 갖는 것은 당연하다.

건조 중에는 선주를 조선소로 초청해 건조상황을 보여주며 신뢰도를 높인다. 계약서 사양과 비교해 적절하게 건조되는지를 눈으로 확인시켜주고, 선주가 추가로 요구하는 사항은 적극 반영하기도 한다.

마지막으로 이미 건조됐거나, 인도한 선박에 대해 지속적으로 관심을 갖고 선주와 접촉한다. 철저한 애프터서비스는 새로운 수주로 이어지기 때문이다. 특히 고가의 선박을 거래하는 조선시장에서는 더욱 그렇다.

삼성중공업

1974년 8월 5일, 삼성중공업은 일본 IHI와 합작으로 탄생했다. 여기에는 삼성그룹 창업자인 이병철 회장의 강력한 의지가 작용했다. 정부가 중화학공업 육성을 부르짖었지만, 삼성은 섬유·제당 등 경공업 중심의 구조였기 때문에 변화가 필요했다.

하지만 출범 시기가 좋지 않았다. 중동사태가 악화되면서 오일쇼크의 영향이 점차 확산되었다. 기존 조선소들도 새로운 선박을 수주하기는커녕 기존에 수주한 선박들에 대해 선주들이 연이어 발주를 취소하고 인도를 거부해 고심했다. 이런 상황에서 조선소를 건설한다는 것은 무모한 일이었다.

발기인 대표로 나선 이은택 삼성중공업 초대 사장이 삼성중공업의 앞날이 평탄하지 않을 것이라고 강조한 것도 이 때문이었다. 결국 조선소 건설은 연기됐으며, 삼성은 1977년 조선소 건설 도중 경영난으로 파산 위기에 처한 우진조선을 인수해 삼성조선으로 출범한다.

1979년 4월. 삼성은 호주 최대 해운그룹인 벌크 십 사로부터

2,100톤급 석유시추선 2척을 1,100만 달러에 수주한다. 이를 시작으로 수주 대상 지역을 노르웨이·인도·미국·독일 등지로 확대하고, 선종도 정유운반선·화학제품운반선·살물선·컨테이너선으로 넓혀 나간다.

삼성은 조선소 설립 후 16년 만인 1993년 새로운 전기를 맞는다. 초대형유조선을 건조할 수 있는 대형 독을 건설, 세계적인 조선소로 도약하는 발판을 마련한다. 이제 삼성중공업은 현대중공업, 대우조선과 함께 세계 빅 3를 형성하고 있다.

그러나 삼성중공업은 유독 LNG사업에서는 불운했다. 1986년부터 LNG선의 요소기술개발에 나서 설계와 생산기술을 확보하고 최적선형개발에 본격적으로 나섰으나, 현대중공업·한진중공업·대우조선에 이어 가장 나중에야 시장에 참여할 수 있었다.

한진해운이 발주하는 LNG 3호선 경쟁에서 탈락한 뒤 4년여 동안 각고의 노력 끝에 마침내 1996년 SK해운으로부터 첫 번째 LNG선을 수주한다.

국내 조선소 가운데 멤브레인형에 대한 기술력은 가장 뛰어났지만, 결국 가장 늦게 막차를 타야 했다. 그러나 삼성중공업은 2003년 들어 세계 LNG선 시장의 주역으로 떠올랐다. 10월 19일, 삼성중공업은 영국과 중동에서 145,000톤급 LNG선 9척(옵션 5척 포함)을 수주했다고 발표했다. 총 13억 8,000만 달러에 이르는 소나기 수주였다. 삼성중공업은 이번 수주로 2003년에 세계 LNG선 시장에서 주역으로 우뚝 솟았다.

삼성중공업이 건조하는 LNG선은 멤브레인형이지만 대우조선의 가즈트랜스포트형과는 다르다. 테크니가즈 마크 Ⅲ형이다. 이 배는 화물탱크 내부에 폴리우레탄폼과 합판 및 2차 방벽 역할을 하는 단열 패널을 접착하고, 다시 그 위에 1차 방벽인 멤브레인을 접합하는 방식이다. 단열재 두께가 가즈트랜스포트형보다 얇아 비용을 줄이면서 LNG를 더 많이 실을 수 있는 것이 장점이다. 국내에서는 삼성중공업만 이 타입을 건조하고 있다. 현재 연간 5척을 건조할 수 있는 체제를 구축해놓았다.

삼성중공업 LNG선 경쟁력의 핵심은 자체 개발한 화물창 플라즈마 용접기술에 있다. 화물창의 최종 마감부재인 스테인리스 패널을 부착하는 자동 용접기술로, 용접속도가 기존방식에 비해 빠른 것이 특징이다. 기존 플라즈마 용접은 용접 아크 길이에 0.1밀리미터만 오차가 생겨도 품질에 문제가 발생할 정도로 정밀한 작업이 필요하다. 그러나 새로 개발한 플라즈마 용접은 속도가 2배나 빠르면서도 변형을 최소화해 균일한 용접이 가능하다. 또 작업인력도 2명이 1개 용접장치를 운용하던 것을 1명이 2개 용접장치를 동시에 제어할 수 있어 작업효율이 4배나 높다. 이는 곧 직·간접적인 비용절감을 통한 가격경쟁력 향상 및 건조기간 단축으로 이어져서 LNG선 수주경쟁력 강화로 나타나고 있다.

한진중공업

한진중공업은 1937년 설립된 우리나라 최초의 근대조선소다. 출범 당시 이름은 조선(朝鮮)중공업이었다. 일본은 1931년 만주사변 및 1937년 중일전쟁이 발발하자, 대륙진출의 교두보로 한국내 공업기지가 필요했다. 이때 중공업체 설립을 모색하던 민족자본가 박영철 씨를 중심으로 5명이 모여 당시 연안항로를 독점하던 일본 재벌기업가들을 끌어모아 설립했다.

설립 당시 3,000톤급 선대 2기와 8,000톤급 독 1기, 목공장, 현도공장, 철공장 등의 설비를 갖춘 우리나라 최초의 철강선 건조 조선소였다. 해방된 뒤 정부의 조선공업 육성방침에 따라 국영인 대한조선공사로 이름을 바꾼다. 이후 1968년 민영화되고 1989년 한진그룹에 인수되면서 한진중공업으로 새출발을 하게 된다.

한진중공업은 한국조선이 성장하는 밑거름이 됐다. 후발 조선소인 현대중공업이나 대우조선과 삼성중공업에 비해 규모는 작지만, '한국조선의 요람'이라는 자존심만큼은 크다. 실제 1970년대 현대중공업이나 1980년대 대우조선과 삼성중공업 등은 한진중공업이 배출한 인력 덕분에 큰 어려움 없이 자리를 잡을 수 있었.

한진중공업은 오래된 역사에 걸맞게 국내 첫 강선 건조 및 첫 수출, 첫 4,000TEU 및 첫 5,000TEU 컨테이너선 건조 등 각종 기록을 보유하고 있다. 사실 LNG선 건조준비도 비교적 일찍 시작했다. 1982년 정부가 인도네시아로부터 LNG를 도입하기로 방침을 정하자, LNG선 건조를 위해 프랑스 가즈트랜스포트 사와 멤브레인형 기술도입 계약을 체결했다. 그러다 도입조건이 바뀌면서 선박건조 기술축적 작업도 중단됐다.

그러나 LNG선 건조능력의 기초가 되는 액화석유가스(LPG) 운반선과 냉동선 등의 경험은 풍부했다. 아틀랜틱 조선소와 기술제휴를 체결한 뒤 별 무리 없이 국내 최초로 멤브레인형 LNG선을 건조한 것도 이 같은 여건이 형성돼 있었기 때문이다.

평택 LNG기지 전경

　한진중공업은 신형 LNG선 기술개발에 노력한 결과, 기존 멤브레인형 LNG선인 GT96 시스템과 마크 Ⅲ 시스템의 장점만을 결합한 새로운 화물창 시스템인 CS1타입 LNG선을 개발 완료했다. 지금까지 멤브레인형 LNG선 4척을 건조, LNG선 건조력으로 세계 빅 10에 올라 있다. 현재 첫 번째 LNG 수출선 수주를 위해 총력을 기울이고 있다.

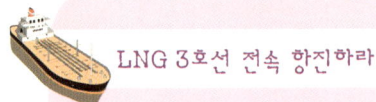
LNG 3호선 전속 항진하라

LNG 3호선은 건조조선소 선정과정에서 사상 유례 없는 혈전이 펼쳐졌던 선박이다. 아마 한국 조선사에 가장 유명한 배 가운데 하나로 남을 것이 분명하다.

이 배와 얽힌 또 다른 일화가 있다. 가스대란의 위기를 막은 것이다.

1996년 2월 초. 인도네시아 아룬 항을 떠나 평택항으로 LNG를 실어 나르던 '한진평택호(LNG 3호선)'는 평택 LNG 인수기지로부터 긴급 전문을 받는다. '전속 항진하라.'는 내용이었다.

당시 한국은 10년 만의 강추위로 도시가스 사용량이 급격히 늘어나, 평택 인수기지의 재고량이 바닥을 보이고 있었다. 비상용 비축량마저 바닥나고 있어 가스대란의 위기감이 커졌다.

한진 평택호가 정상 속도로 운항한다면 도시가스 공급이 중단되는 사태를 피하기 어려운 형편이었다. 만약 도시가스 공급이 중단된다면 수많은 사람들이 엄청난 추위를 난방 없이 견뎌야 했다.

안전이 최우선인 LNG선에 전속 항진하라는 전문을 보낼 정도면 얼마나 다급했는지 쉽게 상상이 간다.

어찌 됐던, 한진평택호는 긴급전문을 받은 뒤 전속력으로 운항해 예정보다 일찍 도착할 수 있었다.

물론 가스대란은 없었다.

3부 이제는 수성(守城)이다

6
Liquefied Natural Gas Ship

시장을 만든다

　한국조선의 역사는 유럽이나 미국, 일본에 비해 크게 떨어진다. LNG선 건조역사도 마찬가지다.

　하지만 한국조선은 더 이상 후발조선이 아니다. 21세기 들어 한국조선은 명실 공히 세계 조선의 최강자로 군림하고 있다. LNG선 분야에서도 선두를 달리고 있다.

　2000년 이후 발주된 80척 가운데 50척을 현대중공업, 대우조선, 삼성중공업 등 한국조선소들이 수주했다. 이는 세계 LNG선 2척 중 1척 이상은 한국조선소에서 건조했거나 건조 중이라는 의미다.

　특히 대우조선은 이중 20여 척을 수주, 독보적인 입지를 구축하고 있다. 세계 조선시장에 나온 3척 중 1척, 국내 조선이 수주한 2척 중 1척을 수주했다.

　이 같은 한국조선의 LNG선 시장 독주양상은 앞으로 더욱 두드러질 전망이다.

(단위 : 척수)

국가 · 조선소		최소	최대
한국	현대	4	6
	대우	6	8
	삼성	3	5
	한진	-	1
합계		13	20
일본	Mitsubishi	3	3
	Mitusi	1.5	2
	Kawasaki	1.5	2
	IHI	-	1
	USC/NKK	-	1
합계		6	9
스페인	Izar	-	2
프랑스	Chantier	2	2
핀란드	Kvaerner Masa	2	2
합계		4	6
중국	-	2	2
기타	USC/NKK	-	1
세계		25	37

표6 주요 국별, 조선소별 연간 LNG선 건조능력

※ 자료제공 : LNG Shipping Solution.

유럽과 일본조선소들이 한국조선소의 탁월한 가격경쟁력을 이미 따라오기 쉽지 않은 상황인 데다, 중국 등 후발국들은 아직 기술력이 떨어지기 때문이다. 따라서 당분간 LNG선은 국내 조선소들을 살찌우는 '달러박스' 역할을 톡톡히 할 것으로 예상된다.

정부가 새 천년을 주도할 '2000년 대한민국 10대 신기술'에 LG

전자의 CD-RW 드라이브 기술, 삼성전자의 CD-RW · DVD롬 복합기술, 현대자동차의 초저공해 · 저연비 전자제어식 승용 디젤엔진, 삼성종합화학의 초고압용 4세대 PE112 신소재 등과 함께 대우조선의 LNG운반선 통합자동화시스템을 포함시킨 것도 이 같은 기대감에 따른 것이다.

한국 조선소들은 앞으로 LNG선 시장에서 월등한 우위를 계속 유지하기 위해 시장점유율 확대전략과 함께 기존의 LNG선을 대체할 수 있는 차세대 LNG선 연구에 힘을 쏟고 있다. 좀더 효율적인 LNG선을 만들어 LNG선 시장 자체를 키우겠다는 전략이다. 한국조선소들은 이를 통해 지속적으로 LNG선 시장에서 독점적 지위를 유지한다는 계산이다.

대우조선은 전략선종으로 LNG선을 선정하고, LNG시장의 선두주자로서 '굳히기'를 시도하고 있다. 시장 주도권을 유지하기 위해 새로운 기술과 선형개발에 박차를 가하고 있다.

현대중공업은 대우조선에 내준 선두자리를 되찾기 위해 절치부심하고 있다. LNG선 시장에서 선형선택과 영업전략 차질로 대우조선과 삼성중공업 등에 경쟁에서 밀리고 있다고 판단, 비인기 선형인 모스형에 집착하지 않고 멤브레인형으로 건조선형을 다양화하고 있다. 삼성중공업은 2003년 10월 LNG선 9척을 대량 수주한 것을 바탕으로 세계 LNG 시장의 최강자로서 면모를 다지고 있다. 한진중공업은 국내 첫 멤브레인형 LNG선 건조회사로서 수출선 수주에 나서고 있다.

한국 조선소들은 기존 LNG선 시장 점유율 확대뿐만 아니라, 새로운 선형 개발을 통해 시장확대에 나서고 있다.

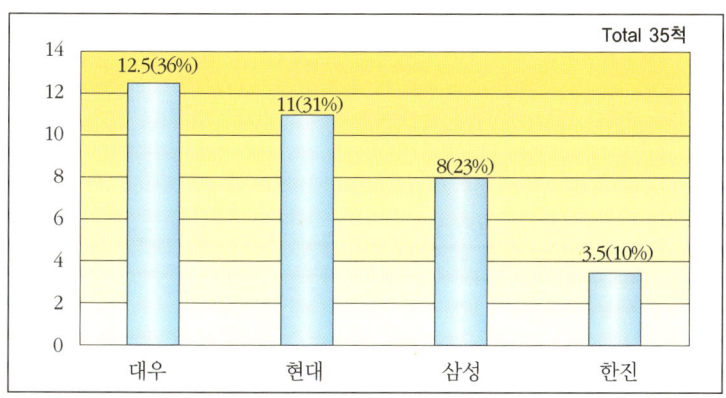

한국 내 건조 조선소별 인도 실적(2003년 12월 말 인도기준)

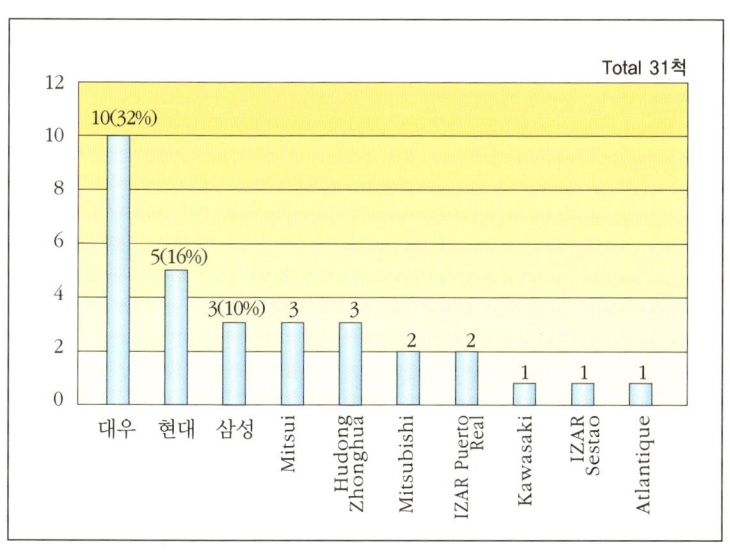

2003년 기준 건조 중인 LNG선(건조 조선소별 옵션 제외)

폭발하는 LNG선 시장

세계 천연가스 소비량은 갈수록 크게 늘고 있다.

미국 에너지정보기관인 EIA에 따르면 2001년부터 2025년까지 세계 천연가스 소비량은 매년 평균 2.8퍼센트씩 증가할 것으로 예상된다. 소비량은 2001년 90조 TCF(Trillion Cubic Feet)에서 2025년 176조 Tcf로 늘어날 전망이다. 이 수치는, 석유의 연간 소비량 증가율 1.8퍼센트나 석탄의 1.5퍼센트를 크게 앞서는 것이다. 이는 천연가스 소비량이 가장 많은 미국을 선두로 유럽과 아시아에서도 소비가 급속하게 늘어나고 있는 것을 감안한 예상치이다. 특히 미국은 소비가 기하급수적으로 늘고 있어, 천연가스 수입국으로 전락한 상태다. 이에 따라 카타르와 오만, 호주, 나이지리아, 이집트, 이란, 사우디 등이 천연가스 개발에 박차를 가하고 있다. 현재 생산 중인 가스전의 설비를 확장하는 한편 새로운 가스전을 찾아 나서고 있다.

유럽과 미국은 필요한 천연가스를 대부분 파이프라인을 통해 수송한다. 세계 천연가스 수송은 2002년 말 기준으로, 파이프라인을 통한 수송량이 4,113억 BCM(Billion Cubic Meter)으로, 배를 이용한 1,500억 BCM의 2.7배에 이른다. 1BCM은 10억 큐빅미터다. 즉, LNG선으로 운반한 천연가스 규모는 육상 파이프라인을 통해 운반되는 양의 3분의 1 수준이다.

그러나 배로 실어나르는 천연가스의 양은 연간 6.4퍼센트씩 성장하고 있다. 2002년 수송량은 10년 전에 비해 2배 이상 늘어났다. 이런 추세라면 앞으로 새로운 LNG선이 더욱 많이 필요하게 될 것이며, 이에 따른 대량발주가 예상된다.

현재(2003년 8월 말) 운항 중인 LNG선은 142척이다. 이는 450척이 운항 중인 초대형유조선(VLCC)의 3분의 1 수준이다. 그러나 현재 건조 중인 56척과 2003년 하반기와 2004년 상반기 발주 예정 물량을 합하면 2006년까지는 운항선박이 200척으로 늘어날 전망이다.

2003년부터 2008년까지 연간 11척씩 총 65척의 새로운 LNG선이 필요할 것으로 예상되며, 2015년까지는 약 160척이 발주될 것으로 보인다. 지금의 시장점유율을 유지한다고 보면 한국조선은 2008년까지 매년 5~6척 정도를 수주할 것으로 분석된다.

이와 별도로 2003년 10월 13일 카타르의 알 아티야 에너지·산업 장관(석유수출국기구 의장 겸임)은 서울 매리어트 호텔에서 열린 윤진식 산업자원부 장관과의 오찬에서 카타르가 오는 2006년부터 2010년까지 최신형 LNG선 50척을 건조할 예정이며, 이 중 상당수는 한국에서 만들 것이라고 말해 한국조선소들의 수주량은 더욱 늘어날 것으로 예상된다.

(단위 : 척수)

구 분	필요 척수
~ 2007	54
~ 2010	49 ~ 55
대체 수요(선령 35년 기준)	23
합 계	126 ~ 132

표7 LNG선 장기 수요 전망

세계 LNG선 건조능력

세계적으로 LNG선을 건조할 수 있는 나라는 우리나라를 비롯해 일본, 스페인, 프랑스, 핀란드, 중국 등이다. 연간 건조능력은 세계적으로 37척 정도이다.

우리나라는 대우조선이 8척, 현대중공업이 6척, 삼성중공업이 5척, 한진중공업이 1척 등 최대 연간 20척의 생산능력을 갖추고 있다. 세계 조선업계의 절반이 넘는 능력이다.

일본은 미쓰비시 중공업이 3척, 미쓰이 2척, 카와사키 2척, IHI 1척, USC/NKK 1척 등 연간 9척을 생산할 수 있다. 우리나라의 절반 정도로 모두 합치면 대우조선과 비슷하다.

유럽은 스페인 이자(IZAR) 조선소가 2척, 프랑스 아틀랜틱 조선소가 2척, 핀란드 크베너 마사 조선소가 2척 등, 6척 능력을 보유하고 있다. 우리나라의 3분의 1 정도 건조능력으로 현대중공업 수준이다.

이와 함께 최근 세계시장에 다크호스로 떠오르고 있는 중국도 연간 2척의 생산능력을 갖추고 있다. 아직은 경쟁상대로 보기 어렵다. 하지만 중국의 LNG선 건조능력 확보는 우리나라 입장에서는 큰 부담으로 작용할 것이다. 특히 지금까지는 유럽조선소나 일본조선소 등 우리보다 앞선 조선소들을 배우고 좇아가는 형태였지만, 중국의 등장은 한국조선이 앞으로는 쫓기는 입장으로 바뀔 것을 예고하기 때문이다.

유럽이나 일본조선소에 대해서는 잘 알기 때문에 대응책이 있지만, 무섭게 성장하는 중국에 대해서는 모르기 때문에 그 대응

책을 찾기가 쉽지 않다. 그러나 조선산업은 수주산업이다. 건조능력을 갖추었다 해도 선주가 배를 발주하지 않으면 소용이 없다. 얼마 전까지만 해도 일본조선소들이 배를 채우고 나서야 한국조선소들이 수주할 수 있었다. 하지만 이제는 다르다. 한국조선소들이 먼저 건조능력만큼 수주한 다음에 일본조선소, 유럽조선소 들로 차례가 돌아간다. 세계 조선시장에서는 한국조선소들이 얼마나 배가 고픈지, 충분히 배를 채웠는지가 관심사다. 이를 잘 아는 것이 중요한 수주전략 중 하나다. 중국이 LNG선 시장에 명함을 내밀기는 했어도 아직 그 신뢰성은 낮다. 따라서 우리 조선소들이 생산성 향상 등을 통해 건조능력을 늘리면 그만큼 수주는 늘어날 수 있다.

LNG선 7척이 대우조선 안벽에 위치해 있는 모습
LNG선 7척이 안벽에서 동시에 건조되는 것은 세계 조선 사상 유례를 찾기 힘들다.

차세대 LNG선 개발 현황

LNG는 여러 장점에도 불구하고 생산, 운반, 저장, 기화하기가 어렵고 돈이 많이 들어간다. 이 때문에 LNG선은 운항 효율성을 높이기 위해 다양한 형태로 진화하고 있다. 점차 대형화되고 있으며, 가스터빈엔진을 대체할 새로운 형태의 추진기관이 연구되고 있다. 한 걸음 더 나아가 LNG와 LNG선을 대체하기 위한 기술도 개발되고 있다.

LNG선은 90년대 초만 해도 표준선박이 125,000톤이었다. 그러나 불과 몇 년 만에 표준선박이 138,000톤으로 커졌다. 지금까지 건조된 가장 큰 배는 145,700톤급이며 이미 150,000톤급도 건조 중이다. 2003년에 프랑스 에너지 기업인 가스 프랑스 사는 알스톰 그룹의 아틀랜틱 사와 153,000톤급 LNG선 2척을 건조하기로 계약을 체결했다. 이 같은 추세라면 머지않아 200,000톤급 이상 선박도 출현할 것으로 전망된다. 2002년 엑슨모빌 사는 카타르 정부와 카타르에서 영국으로 연간 1,000만 톤의 LNG를 공급하기로 합의했다. 이를 위해 200,000톤급 LNG선을 20척 가량 건조할 것으로 알려졌다. 선박 건조비용을 1척당 1억 5,000만 달러로 잡아도 얼추 30억 달러 규모다. 2억 달러로 보면 40억 달러다. 우리 돈으로는 4조 원에서 5조 원에 이르는 천문학적인 금액이다.

또 LNG를 대체하는 기술개발도 활발하게 진행되고 있으며, 스팀터빈으로 이루어진 추진시스템을 전기추진 또는 가스추진 등으로 다양화하는 등 LNG선의 단점을 보완하는 새로운 형태의 선박들이 개발되고 있다. 이들 선박은 여러 가지 장점이 있어 앞으로 LNG선 시장에서 관심을 끌 것으로 예상된다.

LNG를 대체한다

(1) 압축천연가스(Compressed Natural Gas ; CNG)

우리나라와 일본, 대만같이 천연가스 생산지에서 멀리 떨어진 나라는 천연가스를 LNG 형태로 바꿔 배로 수송해 사용한다. 그러나 미국과 유럽 등 대부분의 국가는 LNG가 아닌 천연가스를 배관망을 통해 공급받는다. LNG는 부피를 600분의 1로 줄일 수 있어 효율적이지만, 생산과 수송과정을 거쳐야 하고 다시 천연가스로 기화하는 과정에서 비용이 많이 든다. 압축천연가스(CNG)는 천연가스를 200분의 1로 압축하기 때문에 LNG에 비해 부피가 크지만, LNG의 생산이나 인수설비가 없어도 사용이 가능하다.

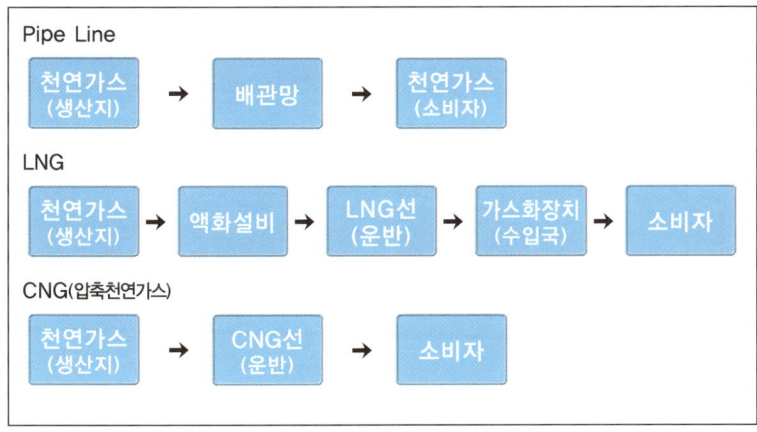

◀ 압축천연가스 개념
압축가스 상태로 운반하기 때문에 별도의 액화, 기화(가스화) 장치가 필요 없다.

따라서 천연가스를 액화하지 않고 압축해 운반하는 것은 여러 가지 이점이 있다. 이를 운반하는 배가 CNG 운반선이다. 이 배는 가스 저장탱크가 파이프 약 3,000개로 구성되는 등 구조가 복잡한 최첨단 선박이다.

현대중공업은 이 배를 건조하기 위해 지난 2002년부터 미국 에너시 사와 공동으로 디자인 개발을 하고 있다. 에너시가 화물 탱크와 화물운영 시스템을 맡고, 현대중공업은 선체와 추진장치를 맡았다. 최근 미국선급협회(ABS)로부터 선체구조 및 시스템에 대한 승인을 받는 등 건조준비를 마무리했다.

세계 환경단체가 논의 중인 '대기 중 가스소각 금지법안'이 오는 2008년부터 적용될 경우, 원유 채굴과정에서 부수적으로 생산되는 천연가스 처리를 위해 CNG선 발주가 늘어날 것으로 보인다.

(2) 메탄 하이드레이트(Methane Hydrate)

메탄 하이드레이트는 빙하기 이후 해저 또는 동토에서 저온 고압상태에서 형성된 메탄 수화물로 고체상태로 존재한다.

이 메탄 하이드레이트는 천연가스보다 해상과 육상에 더욱 골고루 분포해 미래의 에너지로 주목받고 있다. 그러나 아직 경제적으로 채굴하는 기술이 없어 상용화하기에는 상당한 시간이 걸릴 것으로 예상된다.

(3) GTL(Gas To Liquid)

천연가스는 휘발유 · 등유 등과 마찬가지로 탄소와 수소로 구성돼 있다. 그러나 휘발유나 등유 등은 상온에서도 액체상태로 존재하지만, LNG는 극저온 상태에서만 액체상태를 유지할 수 있다. 따라서 천연가스를 이용해 휘발유나 디젤유를 만들 수 있다. 이 기술이 GTL이다.

원리는 간단하다. 그러나 실제 탄소와 수소를 여러 개의 복합물로 만들기 위해서는 고압·고온 상태에서 활성이 잘되는 일산화탄소(CO)와 수소(H_2)로 분리하고, 이들을 촉매로 이용해 축합하는 과정이 필요하다. 아직 경제성이 검증되지 않았으나, 상용화 설비가 건설되는 등 유망한 분야다.

카타르 정부는 2003년에 다국적 석유업체인 미국의 셸 등과 추진 중인 GTL 개발사업에 한국기업들의 참여를 요청한 바 있다.

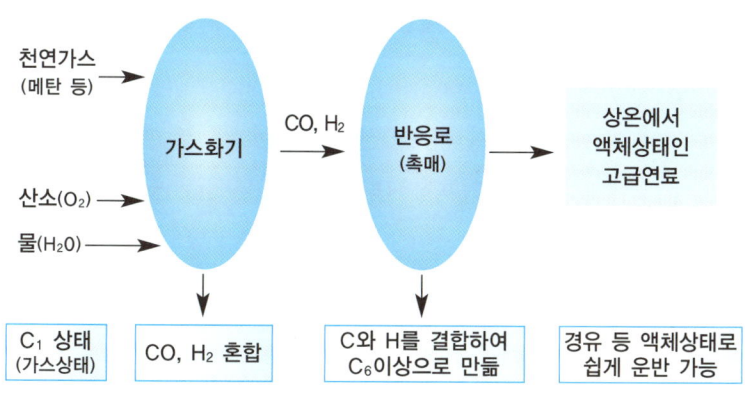

GTL 개념

차세대 LNG선

(1) LNG-RV(LNG 운반·기화선)

대우조선은 세계 조선업계에서 처음으로 새로운 개념의 LNG선인 LNG-RV(Regasfication Vessel)를 개발했다. 이 배는 한마디로 자체 기화설비를 갖춘 LNG선이다. LNG선에 부유식 해양플랜트 기능을 접목시켜, LNG를 운반하고 해상부유설비에 접안해 천연가스를 생산할 수 있다. 대우조선이 2002년 5월 벨기에 엑스마 사로부터 수주, 건조하고 있다.

(2) LNG FPSO

LNG는 지금까지는 육상 LNG 생산설비에서 만들어지고 있다. 그러나 해상 천연가스전이 육지와 멀리 떨어져 있을 때는 천연가스를 육지까지 운반하는 것이 고민이다. 그래서 나온 것이 LNG FPSO(Floating Production Storage and Offloading)이다.

이 배는 가격이 기존 LNG선의 5배 이상으로 1조 원 가까운 초고가 선박이다. 단일 프로젝트로는 엄청난 고가설비다. 국내 조선소에서 몇 년 안에 건조가 이루어질 것으로 전망된다.

(3) 전기추진 LNG선

LNG선은 첨단선박이지만, 수증기의 힘으로 움직이는 스팀터빈엔진을 사용한다. 기화되는 천연가스 때문에 스팀터빈엔진을 사용하지 않을 수 없다. 하지만 스팀터빈엔진은 엔진으로 효율성이 떨어져 일반 배에서 퇴출된 지 오래다.

삼성중공업은 전기장치로 추진하는 고효율의 초대형 LNG선을 2002년 세계 최초로 개발하는 데 성공했다. 전기추진방식은 화물창에서 자연 기화되는 LNG를 이용해 엔진을 구동하고, 이를 전기에너지로 바꿔 전기모터가 프로펠러를 움직이는 차세대 시스템으로, LNG선의 경제성과 추진성능을 획기적으로 높이는 계기가 될 것으로 평가받고 있다.

기존 스팀터빈보다 효율이 30퍼센트 이상 뛰어나 연간 100만 달러 이상 연료비를 절감할 것으로 예상된다. 이로써 LNG선 운항기간을 40년으로 볼 때 1척당 4,000만 달러를 절약할 수 있다는 계산이 나온다.

이 배는 특히 엔진 및 기관실 배치를 최적화해 LNG 운송 능력을 현재의 표준선형보다 약 9,000톤을 더 나를 수 있다. 같은 크기의 배라고 가정하면 LNG를 7~8퍼센트 더 나를 수 있어 효율적이다.

또 전기추진 LNG선에 사용되는 이중연소엔진(DF Engine)은 보일러 연소 시 대량으로 유출되는 산화탄소화합물(CO_x)을 획기적으로 줄여주므로 친환경적이다. 이와 함께 운항 안전성을 높이기 위해 기관실의 선박추진과 관련된 시스템을 분리하여 이원화함으로써 화재나 침수 등으로 인해 한쪽 기관실 기능이 상실되어도 운항에는 영향이 없도록 안전성도 고려하고 있다.

삼성중공업과 대우조선 등 국내 조선업계는 전기추진 LNG선이 차세대 LNG선 시장에서 뛰어난 경쟁력을 보일 것으로 판단, 이 선박을 수주하기 위해 다각적인 노력을 기울이고 있다.

파이프라인

최초의 파이프라인은 1868년 미국 펜실베이니아에서 만들어졌다. 기름을 운반하기 위해 나무로 만든 둥근 파이프를 약 10킬로미터 건설한 것.

이때까지는 석유는 나무통에 넣어 운반했다. 처음으로 석유를 나무통에 넣어 대서양을 건너 영국으로 수송한 것은 1861년이다.

지금은 수천 킬로미터 거리도 파이프라인을 설치할 수 있다. 또 육상뿐만 아니라 바다 속으로도 파이프라인을 건설한다.

그러나 100여 년 전만 해도 구경이 큰 강관을 제작할 수 없고 설치기술도 부족해 파이프라인 건설은 가장 어려운 공사 중 하나였다.

7

Liquefied Natural Gas Ship

오르기보다
지키기

한국은 세계 조선시장에서 최강자의 입지를 확고하게 굳히고 있다. 불과 30여 년이라는 짧은 역사를 감안하면, 놀라운 사건이다.

그러나 정상은 오르기보다 지키기가 더 어렵다. 이는 세계 조선시장을 끌어온 미국, 영국, 일본의 사례를 통해 잘 알 수 있다.

한국조선의 뿌리

우리 선조들은 언제부터 배를 만들어 사용했을까. 삼면이 바다로 둘러싸인 반도의 특성상 오래 전부터 배를 이용했을 것으로 추정된다. 한반도 전역에서 발굴되는 석기시대의 해상이동 상황을 나타내는 유적이나 유물이 이를 뒷받침한다.

백제는 일본은 물론 중국, 동남아를 거쳐 중동에 이르기까지

넓은 해역을 돌며 무역을 한 것으로 알려져 있다. 당시 사용하던 배의 크기와 성능을 정확하게 확인하기는 어렵지만, 배를 만드는 기술이 상당한 수준에 이른 것은 분명하다.

삼국시대 이래 조선시대까지 우리나라는 독특한 조선기술을 개발해 배를 만들어왔다. 특히 통일신라시대에 장보고가 청해진을 근거로 하여 동북아 해상무역의 중심으로서 활약할 수 있었던 것은 뛰어난 조선기술이 밑바침이 되었기 때문에 가능했다. 고려 및 조선시대를 통해 다양한 군선이 개발되었고, 중국과의 교역을 위해 대형 화객선이 건조됐다. 16세기 말 임진왜란 당시 거북선을 만든 것은 세계 조선사에 빛나고 있다. 그러나 17세기 이후 과학문명이 발달할 수 있는 여건 조성에 실패하면서 조선기술은 답보 상태에 빠진다. 20세기 들어 열강들의 각축 속에 나라를 지키지 못하고 일제에 강점당한 뒤 일제의 군사목적에 따라 근대적 조선소가 세워지기는 했으나 시설은 물론 기술, 자재 등 모든 것을 일본인이 독점했다.

1945년 해방 당시 남한 내 조선소는 56곳. 연간 생산량은 20,000톤을 밑돌았다. 그나마 목재선박을 건조하는 곳이 대부분이었다.

근대적 의미의 조선소는 1929년 방어진에 세워진 방어진철공조선소로 볼 수 있다. 이 조선소는 75년 가까운 역사를 지금도 이어가고 있다. 당시에는 국내 최대, 최첨단 조선소로서 위용을 자랑했지만 이제는 소형선박을 건조하는 평범하고 수많은 소형조선소 중 하나일 뿐이다.

이후 1937년 한진중공업의 전신인 조선중공업이 설립됐다. 조

조선중공업 창립 당시(1938년)의 정문 모습

선중공업은 명실상부한 한국 최초의 대형 근대조선소로서 조선 인력의 산실역할을 하며 한국조선 발전에 주춧돌 역할을 했다. 한진중공업은 현대중공업이나 대우조선, 삼성중공업 등에 비해 규모는 작지만 지금도 세계 '빅 10'에 포함돼 있다.

연대별 우리 조선공업 발달사는 다음과 같다.

(1) 1920~1940년대

1920년대 들어 우리 고유의 전통적인 배 건조기술을 대체해 일

조선중공업 당시
(1941년)의 진수 광경

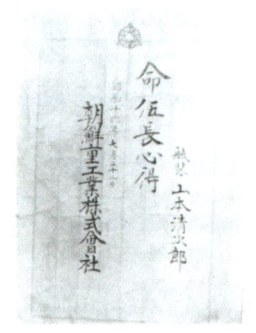

조선중공업 당시
(1941년)의 사령장

해방 당시(1945)의 조선소 광경

본식 목선 건조기술이 보급됐다. 하지만, 이것들은 대부분 자체 추진능력이 없는 무동력선이었다. 1930년대에 동력이 있는 목선 건조 및 수리 기술과 강선 건조기술이 도입됐으나 일본이 독점했다. 당시 우리나라는 조선기술에 관한 고등교육기관은 물론 조선 기술자와 기능공도 전무한 상태였다.

이런 상황은 해방 이전까지 큰 변화 없이 그대로 진행된다.

(2) 1950년대

1948년 정부 수립 후 공업시설 및 기술도입 등을 추진하면서 경제자립을 위해 노력하던 중 6·25동란이 발발하면서 그나마 있던 산업기반이 초토화된다. 그러나 전쟁 중 군수물자와 원조물자를 나르는 선박수요가 늘어나고 선박수리가 활발해지면서 부산을 중심으로 조선산업이 발달한다.

1950년대 후반은 소형선을 중심으로 일부 선박이 건조됐으나,

전쟁으로 인한 피해시설 복구에 주력한 시절이었다. 이런 와중에도 전쟁특수를 틈타 조선소는 계속 증가해 1959년에 198개로 늘어났다. 조선능력은 1945년 19,000톤에서 휴전이 되던 1953년에는 15,000톤으로 줄었으나, 1957년에 20,000톤으로 해방 당시 수준을 회복한다. 이후 1961년에 45,000톤으로 크게 늘어났다. 하지만 건조선박들은 여전히 대부분 4,000톤 미만의 목선이 주였다.

(3) 1960년대

1961년 5월 16일 군사 쿠데타로 집권한 박정희 대통령은 경제개발을 강력하게 추진한다. 그러나 초기에는 공업구조가 취약해 경공업 중심으로 산업화를 추진, 중공업인 조선산업은 별 진전이 없었다.

정부는 경공업 기반을 조성한 후 1967년 조선진흥법을 제정하는 등 조선산업 발전을 위한 기반을 마련했다. 당시 조선업체는 강선 9개 사를 비롯하여, 목선 97개 사가 있었으나 가동률은 20퍼센트에 그쳤다. 그때 조선기술은 목선 위주에서 강선으로 전환되었으며, 배를 몇 개의 조각으로 나누어서 제작한 뒤 이를 다시 붙이는 블록건조 방식이 처음으로 도입됐다. 건조력은 10,000톤까지, 수리는 20,000톤급까지 가능했다.

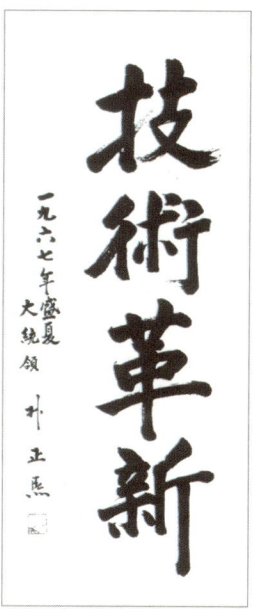

故 박정희 대통령의 친필 휘호

(4) 1970년대

우리 조선의 도약기로 불린다.

1960년대 경제개발정책에 가속도를 붙이기 위해 중화학공업에 대한 대대적인 육성이 시작된다. 경제규모가 커지면서 수출입 해상물동량이 크게 늘어났고 배의 필요성이 커졌다.

정부는 이때부터 조선산업을 국가 기간산업으로 적극 육성한다. 이후 조선산업은 노동집약적인 대단위 조립산업으로 발전하면서 제철, 기계, 전자 등 유관산업의 발전에 견인차 역할을 했다.

한국 조선산업이 세계무대로 도약한 것도 바로 이 시기다.

■ 대한조선공사가 만든 국내 최초 대형선 팬 코리아 호(1974년)

1973년 현대중공업이 준공과 함께 당시로는 상상조차 어려웠던 260,000톤급 초대형유조선을 건조, 세계 조선시장에 한국조선을 알린다. 고작 몇 만 톤짜리밖에 건조할 수 없는 국가에서 초대형유조선을 건조한 것은 기적 같은 일이었다. 초대형유조선을 건조하기 위해 현대중공업 차원을 넘어 한국경제의 모든 것이 총동원됐다.

1975년에는 수리전문인 현대미포조선이 설립되었으며, 1974년 삼성중공업이 착공했다. 대우조선은 1973년 착공했으나, 유류파동 등으로 완공이 지연되면서 1981년 모습을 드러냈다.

대규모 조선소의 잇따른 준공으로 우리나라는 1970년대 후반부터 세계 제2 조선국으로 급부상, 조선강국의 대열에 들어선다.

현대중공업의 출현으로 1974년 건조량 100만 톤을 돌파했으며, 1970년대 말에는 건조량이 260만 톤에 이르게 된다. 1950년대 연간 건조량이 20,000톤 수준이었던 것을 감안하면, 불과 20년 만에 130배 이상 성장한 것이다.

1976년 정부는 해운·조선의 연계육성을 목적으로 "우리 화물은 우리 선박으로 수송하고, 우리 선박은 우리 조선소가 건조한다."는 슬로건을 내걸면서 계획조선사업을 시작한다. 계획조선은 당시 시중 금리의 절반에 불과한 저금리로 산업은행을 통해 국가가 해운회사에 자금을 지원하던 제도로, 기반이 취약하던 우리 해운·조선산업이 성장하는 밑거름이 됐다. 이는 일본의 계획조선사업과 같은 것이었다. 일본 정부는 해운조선사업의 발전을 위해 개발은행을 통해 선박건조 자금을 장기 저리로 대출해주었다. 일본의 해운조선산업은 이 제도를 통해 세계적인 수준으로 올라섰다.

해운회사들은 계획조선으로 선박을 건조하기 위해 치열한 경쟁을 펼쳤으며, 발주량이 크게 늘어났다. 이를 토대로 조선소들이 수출전선에 나설 수 있었다. 계획조선은 이후 20여 년간 해운업계의 유력한 선박건조방식으로 등장했으나, 선박금융이 발달하면서 차츰 인기가 시들해지면서 사라졌다. 하지만, 계획조선이 우리 해운·조선산업 발전에 미친 영향은 엄청났다.

(5) 1980년대

한국조선사에서 부침이 가장 극명하게 대비되는 시절이다.

세계 조선산업은 1970년대 두 차례에 걸친 유류파동으로 끝없는 불황의 터널 속에 갇혀 있었다. 1986년 이후 해운시장이 호황으로 회복세를 타면서 조선산업도 일시 꿈틀거렸지만, 불황의 늪은 깊기만 했다. 게다가 1989년 '조선산업합리화'라는 정부의 비상조치까지 겪게 된다.

돌이켜보면 세계 해운·조선경기가 나락으로 떨어지던 시기에 세계적인 대형조선소를 잇따라 건설한 것이 문제였다. 일본조선은 한국조선이 대대적으로 시설확장에 나서던 1970년대 후반 이후 두 번에 걸친 합리화조치를 실시했다. 1차 합리화는 1978년부터 1980년까지로 설비능력을 977만 톤에서 603만 톤으로 35퍼센트를 감축했다. 2차 합리화는 1987년에 실시됐으며, 설비능력을 603만 톤에서 463만 톤으로 23퍼센트를 추가로 줄였다. 일본조선은 두 번의 합리화조치로 건조능력을 절반 이하로 축소했다.

일본이 1차 합리화를 감행하던 때에 한국은 대우조선과 삼성중공업 등 세계적인 규모의 조선소들이 출범했다. 또 일본의 2차 합리화 당시에는 대우조선 등 경영난을 겪는 조선소들이 많았지만, 끝까지 시설감축 없이 버텨냈다.

무모한 정책이었지만, 당시 세계 해운·조선 시황을 정확하게 예측했다면 대우조선이나 삼성중공업 등 세계적인 조선소는 없었을지 모른다. 우리나라는 다른 국가들이 불황으로 조선소를 폐쇄할 때 시설을 늘린 결과 짧은 시일 안에 시장점유율을 크게 확대할 수 있었다. 어두운 정보를 바탕으로 한 잘못된 정책이 결론적으로는 새옹지마가 된 셈이다.

그러나 한국 해운·조선 산업에 있어 1980년대는 엄청난 고난의 시절이었으며, 국민들의 머리 속에 '해운·조선=부실산업'으로 각인된 것도 이 시기였다.

(6) 1990년대

한국조선이 성숙기에 접어든 시기다.

그러나 1990년대에 들어서면서 한국조선의 모습은 달라진다. 끝이 보이지 않던 해운업이 불황을 끝내고 활황으로 돌아서자 한국조선업체들에게도 인고에 대한 열매가 떨어진다. 해운회사들은 모처럼 맞은 호황을 놓치지 않으려고 대량으로 배를 발주하기 시작했다. 이는 그동안 굶주림에 지친 한국조선업계로서는 10년 가뭄 끝에 오는 단비와 다를 바 없었다.

여기에다 조선소들의 시설확장을 법으로 금지했던 조선산업합리화 시효가 1992년 말에 끝나자, 삼성중공업을 시작으로 현대중공업, 한라중공업, 대동조선 등 중대형 조선소들이 앞 다투어 시설확장에 돌입했다.

삼성중공업은 조선산업합리화가 채 끝나기도 전에 시설확장에 들어갔다. 당시는 시설확장이 불법이었기 때문에 독 윗부분을 덮어놓은 채 그 아래서 땅을 팠다. 삼성이 가장 먼저 시설확장에 나선 것은 세계 조선시황에 대한 정확한 예측이 이루어졌기 때문이다. 경주현 삼성중공업 회장이 규모의 경제를 신봉한 것도 다른 조선소보다 빨리 시설확장에 나서는 계기가 됐다. 경 회장은 모직과 제당 등 삼성 계열사들의 규모를 키워 경쟁력을 높인 공로로 이병철 창업주로부터 깊은 신뢰를 받았다. 경 회장은 삼성중공업이 대형조선소지만 독이 크지 않아 다양한 선박수주에 어려움이 있는 것으로 판단, 과감하게 시설 확장을 시도했다.

당시 현대중공업, 대우조선 등 다른 업체들은 1980년대에 시설을 확장하면서 고통을 많이 겪은 상태라 삼성중공업의 시설확장을 반대했다. 예전과 같은 '제 살 깎기' 식 경쟁이 우려된다는 주장이었다.

그러나 막상 조선산업합리화 조치가 끝나자마자 가장 먼저 시설을 확장하고 선박수주에 나선 곳은 삼성중공업이 아니라 현대중공업이었다. 현대중공업은 국내 최대 건설회사인 현대건설의 계열사라는 이점을 살려 삼성중공업보다 착공은 늦었지만 완공은 먼저 하는 기민함을 발휘했다. 하지만 1980년대 조선불황 당시 가장 큰 고통을 당한 대우조선은 끝까지 시설확장을 하지 않았다. 대우조선 경영진은 시설확장보다는 생산성을 높여 선박을 더 짓는 것이 낫다는 생각이었다.

조선업체들은 확장한 조선소를 중심으로 공격적인 영업에 나서면서 1993년에는 사상 처음으로 일본을 제치고 세계 1위로 올라섰다.

일본은 1956년 이후 세계 정상으로 군림해 왔으나, 37년 만에 한국조선에 정상을 내줘야 했다. 일본이 1992년도에 워낙 많은 물량을 수주해 1993년에는 소극적으로 영업에 임한 측면이 있지만, 항상 일본의 뒤만 좇다가 처음으로 앞지른 사건이어서 한국조선사에 큰 전환기로 꼽힌다.

이때 건조기술이 향상되면서 연간생산량이 500만 톤 내외에서

800만 톤으로 크게 늘어났다. 이 시기에 한국조선의 또 다른 큰 변화는 선박 건조 면에서 한 차원 올라섰다는 것이다. 그동안 건조하던 선박은 벌크선(살물선)과 유조선 등 전통적인 일반선박이 중심이었으나, 이때부터 LNG선·초대형 컨테이너선 등 부가가치 높은 선박 건조가 눈에 띄게 늘어났다.

(7) 2000년대

한국조선의 전성기가 열린 시기다.

1990년대가 양적인 측면에서 정상에 올라섰다면, 2000년대는 질적인 측면에서 세계 최강의 입지를 굳힌 시기라고 볼 수 있다. 1990년대 후반이 한국과 일본이 세계 조선의 주도권을 놓고 치열하게 다투던 시절이라면, 2000년대는 한국조선의 우위를 확신한 시기로 기록된다. 마음속으로부터 일본에 대한 두려움을 털어냈으며 일본과 경쟁해서 이길 수 있다는 자신감이 생겨났다.

2000년대가 불과 몇 년밖에 지나지 않은 상태에서 속단은 이르지만, 앞으로 상당기간 경쟁상대가 없는 독주시대가 계속될 전망이다.

한국조선업체가 제시하는 선박가격과 유럽이나 일본조선소가 내는 가격 차는 함께 경쟁하기에는 너무 크다. 이렇다 보니 한국조선이 부르는 가격이 세계 조선시장에서 그와 동일한 선박의 표준가격이 되고 있다. 미국과 일본, 유럽조선소들은 한국조선의 독주를 막기 위해 경제협력개발기구(OECD) 조선회의나 세계무역기구(WTO)에 제소하는 등 압박을 가하고 있다. 하지만 워낙 경쟁력이 크게 차이가 나기 때문에 큰 위협이 되지 않는다.

선진 조선국보다 무서운 것은 중국 등 후발 조선국들이다. 저렴한 인건비를 앞세워 우리보다 더욱 낮은 가격을 제시하고 있다. 아직은 시장을 흔들 정도의 경쟁상대는 아니다. 배는 1회용 소모품을 고르는 것과는 다르다. 선주는 1척에 수백억 원에서 수천억 원에 이르는 고가의 배를 발주하면서 단지 값이 싸다는 이유만으로 후발 조선소에 발주하지 않기 때문이다.

현재 우리나라 산업 대부분이 일본 등 선진국보다는 기술이 떨어지고, 중국 등 후발국보다는 가격경쟁에서 밀리는 샌드위치 신세다. 즉, '호두까기 인형(Nut Cracker)'에 물린 호두 신세다.

그러나 조선산업만은 예외다. 조선산업은 가격으로 선진국들을 누르고, 기술로 후발국들의 도전을 뿌리치고 있다.

세계 조선시장 최강자 변천사

세계 조선시장의 정상의 자리는 어떻게 바뀌어 왔을까.

세계 조선시장의 주도권은 미국에서 영국 등 유럽 제국으로, 그리고 다시 일본에서 한국으로 이어진다. 물론 상선에 국한된 것이다. 군함은 여전히 미국과 유럽이 최강이다.

상선 시장에서 정상의 자리는 배를 건조하는 소재와 건조방식에 따라 바뀌었다. 미국은 1900년대 초까지 세계 조선시장을 주도했다. 미국이 세계 조선업계를 리드할 수 있었던 것은 유럽에서는 찾기 어려운 산림자원 덕이었다. 당시 5대양을 누비던 주력 선대는 범선이었다. 신세계로 불리던 미국은 유럽에 비해 크고

질이 좋은 나무가 많았다. 좋은 목재를 생산할 수 있다는 것은 좋은 배를 만들 수 있다는 의미와 같았다. 미국은 이를 통해 자연스럽게 세계 조선의 중심지가 되었다.

그러나 목선시대가 가고 강선시대가 오면서 질 좋은 목재는 더 이상 조선강국을 결정짓는 요소가 되지 못했다. 영국을 중심으로 한 유럽제국은 산업혁명을 통해 이룬 기계·철강산업을 바탕으로 강선시대를 열고, 이때부터 시장의 주도권을 잡는다.

이후 1950년대 중반까지 세계 조선시장은 영국을 중심으로 하는 유럽조선의 독무대였다. 특히 영국은 유럽에서도 조선기술이 가장 앞서고 있었다. 그러나 해가 지지 않는 나라 영국도 마침내는 기울기 시작했다. 아시아의 선두주자였던 일본이 20세기 중반 새로운 생산기법을 도입해 배를 건조하면서 영국을 비롯한 유럽 조선을 따돌린 것이다. 이로써 일본은 정상에 우뚝 서게 된다.

영국은 당시 철판을 리벳을 이용해 접합하는 고전적 방법으로 배를 건조했다. 이는 철판을 겹쳐서 붙여놓고 리벳으로 고정시키는 방법이다. 이런 방식으로 배를 만들려면 시간도 많이 걸리지만 숙련된 기술자 또한 필요했다.

그러나 일본은 미국에서 개발된 현대식 건

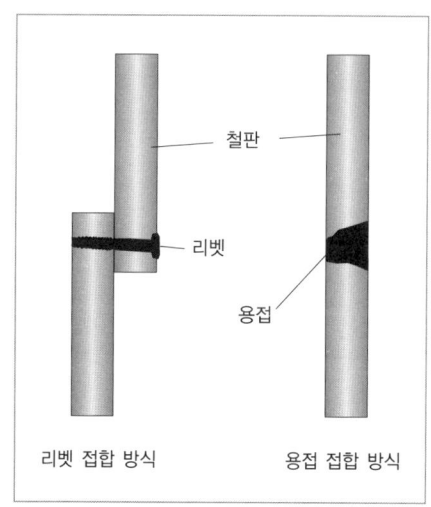

리벳 접합 방식과 용접 접합 방식

조기법인 블록건조 공법을 도입해 배를 건조했다. 블록건조는 배를 여러 부분으로 나누어서 제작한 뒤 결합하는 획기적인 방식이었다. 마치 칼로 두부를 잘라서 붙여놓은 것과 같은 방법이다. 또 접합도 리벳이 아닌 용접을 사용했다. 이 건조기법은 지금 방식과 크게 다르지 않다. 일본은 이 방법을 과감하게 도입함으로써 세계시장에서 1956년 이후 45년 이상 정상으로 군림한다.

당시 블록건조 방식으로 처음 만들어진 배는 미국의 리버티 시리즈였다. 미국은 1941년 2,742척의 리버티선을 제작한다는 야심찬 계획을 세우고 건조에 들어갔다. 영국 또한 블록건조용접방식이 경쟁에서 유리하다는 것은 알았으나, 리베팅을 하는 수많은 노동자들의 실직문제 때문에 리베팅 공법을 고수하다가 세계 조선시장에서 쓸쓸하게 물러나고 만다.

영국은 그렇다 치고, 블록건조 개념을 세우고 세계 최초의 블록건조선인 리버티 시리즈를 수없이 만들어 군수용 화물선으로 사용한 미국은 왜 조선시장의 주도권을 일본에게 빼앗겼는가.

일본은 블록건조 공법을 받아들여 자신들에게 맞는 생선설계 개념을 도입했다. 이는 조선기술을 획기적으로 발전시켰다.

유럽이나 미국의 조선소에서는 특별한 몇몇 숙련공들이 기본 도면을 보면서 배를 만들어냈다. 당연히 이들의 숙련도에 따라 어떤 배가 나오느냐가 결정됐다. 더욱이 숙련공을 선박건조 필요에 따라 급격하게 늘릴 수는 없었다. 배가 많이 필요해도 숙련공이 조달돼야 선박건조에 들어갈 수 있었다.

당시 일본은 유럽이나 미국처럼 숙련된 기능공을 확보하지 못했다. 그래서 도입한 것이 생산설계 개념이다. 이는 숙련공에게 의존하지 않고 누구나 숙련된 작업을 할 수 있는 방법이다. 생산활동을 하면서 발생하는 사소한 문제를 모두 도면에 그려넣어 작업자가 쉽게 일을 할 수 있도록 한 것이다. 일본은 숙련공이 극히 부족했기 때문에 거꾸로 이 같은 발상이 가능했다.

이 개념 도입으로 초보자라도 숙련공 못지않은 기능을 발휘할 수 있었다. 일본은 이후 영국을 무너뜨리고 세계 조선시장에 철옹성을 쌓았다. 그러나 영원한 것은 없다. 미국과 영국이 그랬듯이 일본조선의 아성도 1990년대 들어 흔들리기 시작했다. 1993년에 처음으로 한국조선에 선두자리를 내주더니 후반으로 들어서서는 급격히 기울고 만다.

일본조선업계는 한때 세계 시장의 절반 이상을 점유하며, 마음만 먹으면 70~80퍼센트를 건조할 수도 있다고 큰소리를 쳤다. 그들은 세계조선시장의 균형적인 발전을 위해 50퍼센트를 넘기지 않으려고 노력한다고 말하곤 했다.

1990년대 중후반만 해도 세계조선시장에서 일본조선소들이 수주하고 남은 것을 한국조선이 수주하는 식이었다. 하지만, 이제는 사정이 달라졌다. 세계 조선시장에서 일본은 확연하게 2선으로 밀리고 있다. 한국조선소들이 먼저 수주하고 그 다음에 일본조선소들이 수주한다. 일본 해운회사조차 일본조선소를 제쳐두고 한국조선소에 선박건조를 의뢰하는 건수도 계속 늘고 있다. 10년 전만 해도 일본 해운회사가 한국조선소에 배를 발주하는 것은 극히 드문 일이었다.

한국조선 경쟁력 어디서 나오나

한국조선은 이제 확고부동하게 세계 정상에 서 있다. 한마디로 경쟁상대가 없다. 유럽조선소들이 호화유람선 등 일부 선종에서 아직 앞서고 있고, 중국조선소들이 저임금을 앞세운 가격경쟁력으로 뒤쫓고 있지만 한국조선의 위상은 확고하다.

불과 30여 년의 짧은 기간에 한국조선이 어떻게 최강의 입지를 굳혔을까.

세계 3대 조선소 모두 한국조선소다. 조선시장 점유율은 30퍼센트를 넘는다. 오대양에 떠다니는 배 3척 중 1척은 한국조선소

표8 최근 5년간 세계 LNG선 수주량, 건조량, 수주잔량

구분	연도	한국 천GT	한국 %	일본 천GT	일본 %	유럽 천GT	유럽 %	기타 천GT	기타 %	세계 천GT
수주량	98	8,819	33.0	10,979	41.1	4,542	17.0	2,396	9.0	26,736
	99	11,843	40.9	8,695	30.0	3,747	12.9	4.654	16.1	28,939
	00	20,686	45.8	12,866	28.5	6,758	15.0	4,834	10.7	45,144
	01	11,750	31.9	14,733	40.2	3,984	10.9	6,200	16.9	36,667
	02	9,775	31.9	12,944	42.3	1,722	5.6	6,174	20.2	30,595
건조량	98	7,250	28.7	10,244	40.6	4,573	18.1	3,204	12.7	25,271
	99	9,158	33.2	11,079	40.2	1,363	15.8	2,961	10.7	27,561
	00	12,218	39.1	12,001	38.4	4.,110	13.2	2,912	9.3	31,241
	01	11,608	37.2	12,024	38.6	4,301	13.8	3,246	10.4	31,179
	02	12,438	39.7	11,468	36.6	4,045	12.9	3,403	10.9	31,354
수주잔량	98	20,268	35.3	19,652	34.2	9,997	17.4	7,470	13.0	57,387
	99	22,609	38.4	17,368	29.5	9,644	16.4	9,251	15.7	58,872
	00	30,524	42.9	18,099	25.5	11,932	16.8	10,549	14.8	71,104
	01	30,254	39.9	20,762	27.4	11,641	15.4	13,129	17.3	75,786
	02	27,522	36.7	23,988	32.0	8,370	11.2	15,044	20.0	74,924

※자료제공 : Lloyd's World Shipbuilding Statistics

에서 만들었다는 말이다.

한국조선이 세계 정상에 오를 수 있었던 비결은 무엇인가.

선박의 재질이나 건조공법에 변화가 있었던 것은 아니다. 한국의 정상도약 비결은 오히려 간단하다. 유조선과 벌크선, 컨테이너선 등 3대 선종에서 주도권을 먼저 잡고, LNG선 등 고부가 선박으로 경쟁영역을 확대해나간 전략이 주효했다. '특별하지 않은 배에서부터 특별한 배로' 이것이 한국조선의 전략이었다. 이는 일본의 국민소득이 3만 달러를 넘어서면서 대규모 인력이 소요되는 조선산업에서 경쟁력을 잃어가던 시점과 맞물려 더욱 강한 힘을 발휘했다.

특히 한국경제가 무너져 IMF 체제로 들어서던 1997년 말 이후부터 빛을 발했다. IMF 체제에 들어가면서 일반 기업들은 추풍낙엽처럼 쓰러져 갔다. 그러나 IMF 체제는 조선업계가 세계 정상으로 도약하는 데 결정적인 역할을 했다. 원/달러 환율이 IMF 체제 이전 800원대에서 2,000원대까지 치솟자 가격경쟁력이 크게 높아졌다. 한국조선소들은 선박건조 계약을 통상 달러로 한다.

예를 들어 IMF 이전에 1억 달러에 선박건조계약을 했다면 우리 돈으로 800억 원이다. 하지만 IMF로 환율이 크게 올라가면서 1억 달러는 2,000억 원이 됐다. 당연히 가격을 깎아줄 여력이 생긴 것이다. 수입원자재 가격은 올랐지만, 전체적인 선가 경쟁력에서는 일본보다 우위를 점하게 됐다. 물론 가격만으로 정상에 오른 것은 아니다. 가격만 보면 중국은 지금도 한국조선보다 30퍼센트 이상 싸다.

한국조선의 강점은 새로운 조선기술에 대한 끊임없는 연구와 지속적인 혁신 및 개발을 통해 생산공법 개선에 적극적이라는 데 있다. 또 작업자들이 성실해 최고 수준의 기술을 선박건조에 적용시켜 최상의 배를 만들어낸다.

또 다른 비결은 고객만족정신이다. 한국조선업체들은 영업과 생산을 하나로 해 선주의 요구사항을 적극적으로 수용한다. 예를 들어, 선장이나 선원들의 방 크기를 크게 혹은 작게 만들 수 있다. 짐을 싣는 화물창도 크기를 조절할 수 있다. 하지만, 일본은 배를 찍어내듯 만들기 때문에 선주들이 선택할 수 있는 사항이 별로 없다. 집 한 채를 사는 데도 수많은 옵션이 들어가는데, 선주입장에서 보면 수백억 원에서 수천억 원씩 하는 배를 만들면서 선택할 수 있는 사항이 별로 없다는 것은 결코 즐거운 일은 아닐 것이다. 이것이 한국조선이 일본조선을 앞지른 가장 큰 요인 중 하나로 꼽힌다.

한국조선은 일본·유럽 등 선진조선소와는 가격경쟁에서 앞서고 중국 등 후발 조선소와는 기술 격차를 벌리면서 최강자 자리를 지켜가고 있다.

하지만 중국조선업의 급성장은 세계 조선시장을 양분하고 있는 한국과 일본을 크게 위협하고 있다. 중국조선소들의 주력선종은 아직까지 유조선과 일반화물선에 국한되어 있다. 그러나 2002년에 후동중화조선소가 중국에서는 처음으로 LNG선을 수주, LNG선 시장에 첫 발을 내딛었다. 1991년 한국조선소로는 처음으로 현대중공업이 LNG선을 수주한 것과 비교하면 11년의 격차다.

전문가들은 중국조선소들이 LNG선 건조를 본격화하면 선박가격이 1억 달러 아래로 크게 떨어질 것으로 예상하고 있다. 이는 한국조선이 LNG선 시장에 뛰어들면서 세계 LNG선 가격을 40퍼센트 이상 하락시킨 것과 같은 현상이다. 1991년 현대중공업이 수주한 첫 LNG선 가격은 2억 3,500만 달러였다. 두 번째 LNG선은 2억 4,300만 달러. 당시 일본조선소들의 가격은 2억 8,000만 달러 수준이었다. 지금 조선소들이 수주하는 LNG선 가격은 1억 5,000만 달러 수준이다. 특히 표준선이 1990년대 초 125,000톤에서 135,000톤으로 커졌는데도 가격은 더 싸졌다. 일본조선소들이 시장을 장악하던 때를 기준으로 보면 불과 10년 만에 가격이 절반으로 떨어진 것이다.

그러나 중국의 추격을 상당기간 늦출 수는 있다. LNG선뿐만 아니라 더 수익성이 높은 LNG선 파생선박에 대한 개발과 고부가가치 해양플랜트 등 새로운 시장을 개척한다면 중국조선은 쉽게 한국의 벽을 넘지 못할 것이다. 조선은 가격경쟁력도 중요하지만, 그것은 여러 경쟁 요소 중 하나일 뿐이기 때문이다.

지금 세계 시장에서 한국조선의 입지는 확고하다. 물론 한국조선도 미국과 영국, 일본이 그랬듯이 언젠가는 다른 후발국으로 주도권을 넘겨야 할 날을 맞을 것이다. 정상의 자리는 후발주자가 강력할 때 교체가 빠르게 이루어지기 때문이다. 그러나 우리 조선 스스로 어떻게 하는가가 더욱 중요하다. 영국이 리벳 건조 방식에 집착하지 않고, 일본이 인건비를 줄이기 위해 설계인력까지 감축하는 어리석음을 범하지 않았다면, 바통 터치의 시기는 달라졌을지 모른다.

선원

　선원은 배를 타는 사람을 말한다. 해양대학을 졸업한 사관과 일반 부원선원으로 구분된다.
　사관은 선장을 비롯 기관장, 1등항해사, 2등항해사, 3등항해사, 1등기관사, 2등기관사, 3등기관사가 있다. 예전에는 통신사가 별도로 있었지만, 통신기술이 발달하면서 통신사를 별도로 두지 않는다. 항해사는 운항, 기관사는 기관을 책임진다. 부원선원은 운항직장, 운항수, 조리장, 조리수 등이 있다. 배가 항구에 들어갈 때 배의 운전대인 키를 잡는 것도 부원선원인 조타수이다. 물론 조타수가 마음대로 배를 조종하는 것은 아니다. 항구에서는 도선사의 의견을 선장이 받아서 조타수에게 지시하는 형태로 배가 움직이게 된다.
　배에서는 선장을 중심으로 일사불란한 명령체계로 움직인다. 사관과 부원선원은 같은 배를 타지만 활동하는 공간은 다르다. 사관식당과 부원식당이 별도로 있고, 잠을 자는 구역도 다르다. 바다에서 일하는 선원들이 육상에서 일하는 일반인들보다 강한 규율을 갖고 있다. 바다라는 특수한 환경에서 생활해야 하기 때문에 규율이 강하지 않으면 사고의 위험이 높기 때문이다.
　선원들에 대한 잘못된 선입견 중 하나는 '선원들은 거칠다.'는 생각이다. 영화에서는 선원들이 담배를 피우고 술을 마시면서 서로 치고 박고 싸우는 모습이 자주 나온다. 사생활도 문란하게 묘사하고 있다. 하지만 이는 대부분의 선원들과는 다른 모습이다. 선원들은 대부분 시커멓게 그을린 강인한 '바다 사나이'의 모습이 아니라 얼굴이 하얗고 가냘픈 생김새를 하고 있다. 근무

시간 이외에는 자기 방에서 책을 보거나 음악을 들으면서 휴식을 취한다. 각종 자격증 공부를 하거나, 외국어를 숙달시키는 데 많은 시간을 할애한다.

근무조가 아닌 선원들끼리 가끔 술을 마시기도 하지만, 최근 음주단속이 강화되면서 예전처럼 술을 마시지는 못한다. 선원들은 근무 4시간 전부터 술을 마시면 안 된다. 또 혈중 알코올 농도 0.04퍼센트 이상인 상태에서는 근무를 제한하고 있다. 이는 맥주 1병(600밀리리터)이나 소주 2잔(120밀리리터), 포도주 1잔(200밀리리터), 양주 1잔(60밀리리터)을 마시고 1시간 내에 음주 측정할 때 나타나는 수치이다. 선원들의 음주단속 기준인 혈중 알코올 농도 0.04퍼센트는 조종사들의 음주기준보다는 약하지만, 자동차의 음주기준인 0.05퍼센트보다는 강하다.

특히 LNG선 같은 경우에는 만일의 사고에 대비해 금연을 하고 있다. 아예 담배를 못 피우는 선원들을 우선적으로 선발한다. 다른 배는 운항에만 신경을 쓰면 되지만, 이 배는 위험화물을 나르기 때문에 운항 중에도 계속 화물의 상태를 점검해야 한다.

Liquefied Natural Gas Ship

에필로그

이 책은, 대우조선이 만든 LNG선이 월드 베스트 상품이 된 배경과 과정을 알기 위해 씌어졌다. 조선소 역사는 물론 LNG선 건조역사도 경쟁 조선소들에 비해 짧은 대우조선이 어떻게 세계 최고의 LNG선을 건조할 수 있었을까. 또 그룹 도산으로 워크아웃에 들어가는 등 풍전등화와 같은 상황에서 어떻게 선주들의 신뢰를 잃지 않고 오뚝이처럼 일어설 수 있었을까. 이 과정에서 2000~2001년 세계 LNG선 시장의 30퍼센트 이상을 석권할 수 있었던 비결은 무엇인가.

이 책은 이에 대한 답을 제시하려고 노력했다. 하지만 대우조선이 이룩한 모든 것을 대우조선의 힘으로만 보지는 않았다. 대우조선의 성공 드라마는 대우조선 구성원들이 만든 신화다. 그러나 한국조선의 저력이 밑받침됐기에 가능했다. 따라서 대우조선의 업적을 한국조선의 것으로 시야를 넓혀 국내 1호선과 수출 1호선을 건조한 현대중공업과, 2003년에 세계 시장점유율 1위를 한 삼성중공업, 국내 1호 멤브레인선을 건조한 한진중공업 들과 관련해 이야기했다.

한국조선이 LNG선 시장을 석권한 것은 단지 한 선형에서 앞섰다는 의미를 넘는다. LNG선 시장에서 새로운 강자로 떠오르면서 명실상부한 세계 정상의 조선국으로 인정받는 계기가 됐기 때문이다. 2000년대 들어 물량 측면에서는 세계 최대 조선국이 됐지만, 대부분 화물선·컨테이너선·유조선 등 일반 선박들이었다. 그러나 LNG선 시장에서 최고 경쟁력을 나타냄으로써 양적인 측면뿐만 아니라 질적인 측면에서도 조선강국이 되었다.

무엇보다도 세계 LNG시장 석권은 한국조선에 대한 자긍심을 키우는 계기가 됐다. 그동안 조선산업은 수출이나 고용, 전후방 산업과의 연계효과 등에서 국가발전에 지대한 공헌을 해왔으나, 이에 걸맞는 대우를 받지 못하고 있는 것이 현실이다. 배는 자동차와 달리 친근하지 않기 때문이다. 당연히 국민들의 관심이 부족할 수밖에 없다. 이는 지금도 마찬가지다. 그러나 LNG선 시장을 석권한 쾌거는 한국조선사는 물론 한국산업사에 영원히 빛날 것이다.